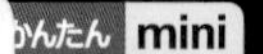

SONY ソニー

VLOGCAM ZV-E10

基本&応用 撮影ガイド

Interchangeable-lens vlog camera with APS-C sensor

技術評論社

VLOGCAM ZV-E10の魅力

POINT 1

高感度撮影性能が高く暗所でも高画質

静止画撮影時のISO感度は100-32000の幅広い感度領域。星空や夜景などの暗い場所でも高画質の描写が可能。

画像DATA
モード▶マニュアル
絞り▶F1.4
シャッター▶10秒
ISO▶1000
露出補正▶0
ホワイトバランス▶オート
レンズ▶E 15mm F1.4 G
焦点距離▶15mm
その他▶Kenko スターリーナイト プロソフトン使用

POINT 2

静止画・動画ともに人物や動物の瞳を捉え続けるリアルタイム瞳AF

自動的に人物や動物の瞳を検出してピントを合わせ続けることが可能。

画像DATA
モード▶シャッタースピード優先
絞り▶F6.3　シャッター▶1/1000秒
ISO▶640（ISO AUTO）　露出補正▶0
ホワイトバランス▶太陽光
レンズ▶E 55-210mm F4.5-6.3 OSS
焦点距離▶210mm

POINT 3

エフェクト機能で自由自在な表現に

自分好みの色彩やイメージに表現できるクリエイティブスタイルや、ピクチャーエフェクトを選ぶだけで、印象的な画像を残せる。

画像DATA
モード▶絞り優先
絞り▶ F8.0
シャッター▶ 1/2000 秒
ISO ▶ 100
露出補正▶ -0.3
ホワイトバランス▶太陽光
レンズ▶ E PZ 16-50mm F3.5-5.6 OSS
焦点距離▶ 16mm
その他▶クリエイティブスタイル（風景：コントラスト +2 彩度 +2　シャープネス +1）

画像DATA
モード▶絞り優先
絞り▶ F3.5
シャッター▶ 1/30 秒
ISO ▶ 320
露出補正▶ +0.3
ホワイトバランス▶太陽光
レンズ▶ E PZ 16-50 mm F3.5-5.6 OSS
焦点距離▶ 16mm
その他▶クリエイティブスタイル（白黒）

画像DATA
モード▶絞り優先
絞り▶ F5.6
シャッター▶ 1/400 秒
ISO ▶ 100
露出補正▶ 0
ホワイトバランス▶太陽光
レンズ ▶ E PZ 55-210mm F4.5-6.3 OSS
焦点距離▶ 114mm
その他▶ピクチャーエフェクト（パートカラー・イエロー）

POINT 4 背景のボケのコントロールがかんたんに

静止画はもちろん動画でも「背景のボケ切替」ボタンを押すだけで、背景をぼかしたり、くっきりさせたりすることができる。特に動画では撮影しながら切り替えられるので便利だ。

■［ぼけ］で撮影

人物のみがくっきりして、背景がボケた。

画像DATA
モード▶プログラム　絞り▶F3.5　シャッター▶1/60秒
ISO▶100（ISO AUTO）　露出補正▶+0.7　ホワイトバランス▶太陽光
レンズ▶E PZ 16-50mm F3.5-5.6 OSS　焦点距離▶16mm

■［くっきり］で撮影

人物も背景もはっきりと写っている。

画像DATA
モード▶プログラム　絞り▶F8.0　シャッター▶1/60秒
ISO▶500（ISO AUTO）　露出補正▶+0.7　ホワイトバランス▶太陽光
レンズ▶E PZ 16-50mm F3.5-5.6 OSS　焦点距離▶16mm

POINT 5 多彩な機能満載の動画撮影

自撮りのとき、オートフォーカスで商品や自分にピントを瞬時に切り替えてくれる「商品レビュー設定」や、フレームレートを変更することで再生速度を変える「スロー＆クイックモーション」など動画機能が満載だ。

■［商品レビュー設定］で撮影

目にピントが合っている状態から、ピントが商品に変わった。

画像DATA
モード▶絞り優先
絞り▶ F1.8
シャッター▶ 1/60 秒
ISO ▶ 400（ISO AUTO）
露出補正▶ +0.3
ホワイトバランス▶太陽光
レンズ▶ E 35mm F1.8 OSS
焦点距離▶ 35mm
その他▶商品レビュー用設定使用

■［スロー＆クイックモーション］で撮影

クイックモーションでノイズを抑えた夜景動画を撮影した。

画像DATA
モード▶マニュアル　絞り▶ F5.6　シャッター▶ 1/2 秒
ISO ▶ 500（ISO AUTO）　露出補正▶ +0.3　ホワイトバランス▶オート
レンズ▶ E PZ 16-50mm F3.5-5.6 OSS　焦点距離▶ 16mm

Contents

Chapter 1 ZV-E10の基本をマスターしよう

Chapter 2 ピント合わせを理解して撮影しよう

Chapter 3 露出を理解して撮影しよう

Chapter 4 動画撮影をマスターしよう

Chapter 5 ZV-E10の便利な機能を使おう

Chapter 6 交換レンズを使いこなそう

Chapter 7 シーン別撮影テクニック

Chapter 8 スマホやパソコンと連携しよう

ご注意　※ご購入・ご利用の前に必ずお読み下さい

本書はVLOGCAM ZV-E10の操作方法を解説したものです。掲載している画面などは初期状態のものです。
情報は2023年11月現在のもので、一部の記載表示額や情報は変わっている場合があります。あらかじめご了承ください。
本書に記載された内容は、情報の提供のみを目的としています。したがって、本書を用いた運用は、必ずお客様自身の責任と判断によって行ってください。これらの情報の運用について、技術評論社および筆者はいかなる責任も負いません。

以上の注意点をご承諾いただいた上で、本書をご利用願います。これらの注意事項をお読みいただかずにお問い合わせいただいても、技術評論社および筆者は対処しかねます。あらかじめ、ご承知おきください。

Chapter 1

ZV-E10の基本をマスターしよう

Section 01

ZV-E10の各部名称を確認しよう

Keyword 各部名称

豊富な撮影機能が搭載されたZV-E10。このカメラを使いこなすには、基本的なボタンやダイヤルの位置を事前に理解しておきたい。撮影自由度を高めてくれる操作性を実感するためにも、まずは撮影しながらいろいろと操作すると、各機能への理解を深めることができる。

1 正面部の主な名称

❶シャッターボタン	❼マウント標点
❷ウインドスクリーン（付属品）	❽モニター / タッチパネル
❸レンズ	❾レンズ信号接点
❹セルフタイマーランプ / 録画ランプ	❿イメージセンサー
❺撮影時：W/T（ズーム）レバー 再生時：▦(一覧表示)レバー / 再生ズームレバー	⓫レンズ取りはずしボタン
❻マウント	

2 背面部の主な名称

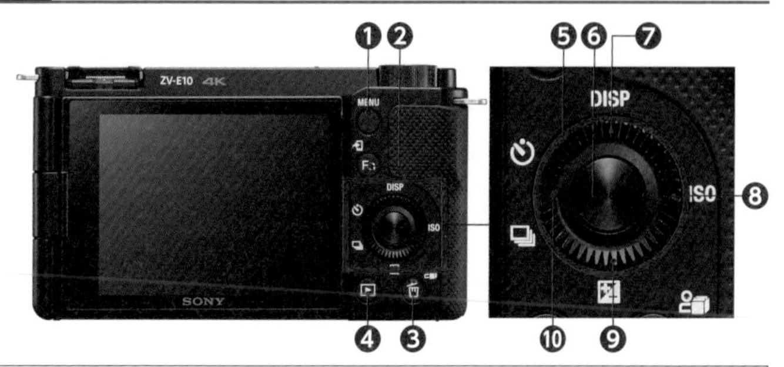

❶MENU ボタン
❷撮影時：Fn（ファンクション）ボタン　再生時：（スマートフォン）転送ボタン
❸（削除）ボタン /（商品レビュー用設定）ボタン
❹（再生）ボタン
❺コントロールホイール
❻中央ボタン
❼▲ / 画面表示切換（DISP）
❽▶ /ISO 感度（ISO）
❾▼ / 露出補正（）
❿◀ / ドライブモード（ / ）

3 上面部、側面部の主な名称

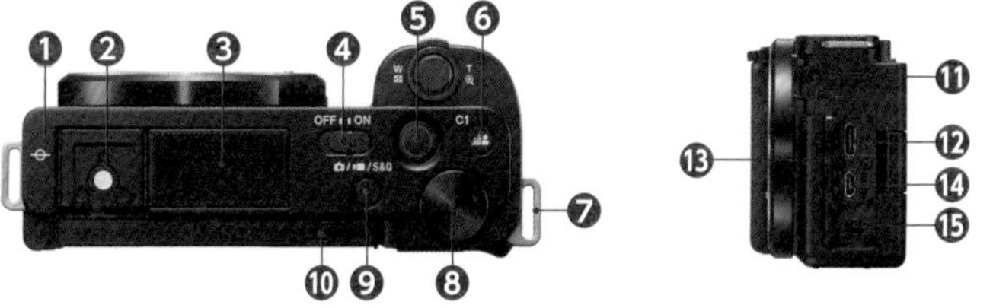

❶イメージセンサー位置表示	❾静止画 / 動画 /S&Q 切換ボタン
❷マルチインターフェースシュー	❿ Wi-Fi/Bluetooth アンテナ（内蔵）
❸内蔵マイク	⓫（マイク）端子
❹ ON/OFF（電源）スイッチ	⓬ USB Type-C 端子
❺ MOVIE（動画）ボタン	⓭ 充電ランプ
❻ C1 ボタン（カスタムボタン 1）/（背景のボケ切換）ボタン	⓮ HDMI マイクロ端子
❼ショルダーストラップ取り付け部	⓯（ヘッドホン）端子
❽コントロールダイヤル	

Section 02 ファイル形式や画質を設定しよう

Keyword ファイル形式、画質、画像サイズ、記録方式

撮影の前にファイル形式と画質を設定しよう。画像を使用する用途に合わせて、それぞれ設定するとよい。設定により画像のデータ量も変わり、撮影できる数も変わるので確認しておこう。

1 静止画のファイル形式を設定する

ZV-E10で撮影できる静止画のファイル形式はJPEGとRAW。JPEGはデータ量も小さく、カメラ以外でもパソコンやタブレットでも閲覧することができて扱いやすい。RAWは撮影後にパソコンなどで現像ソフトを使用して現像することを前提にしているファイル形式で、データ量が大きい。多く撮影する場合はJPEG、パソコンを使用して後から現像するならRAW形式を選ぶとよい。

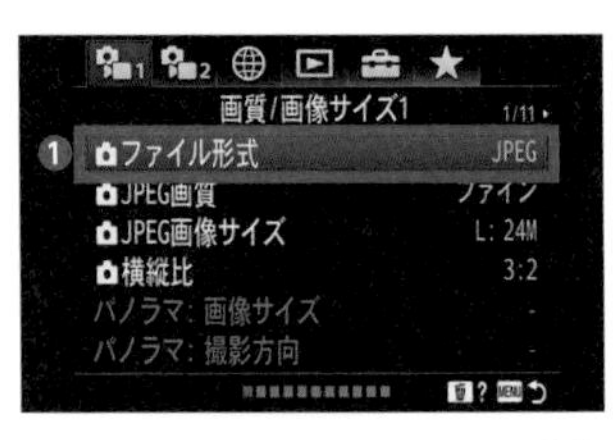

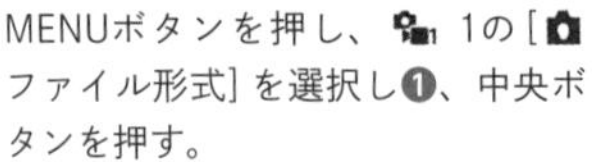

MENUボタンを押し、 1の[ファイル形式]を選択し❶、中央ボタンを押す。

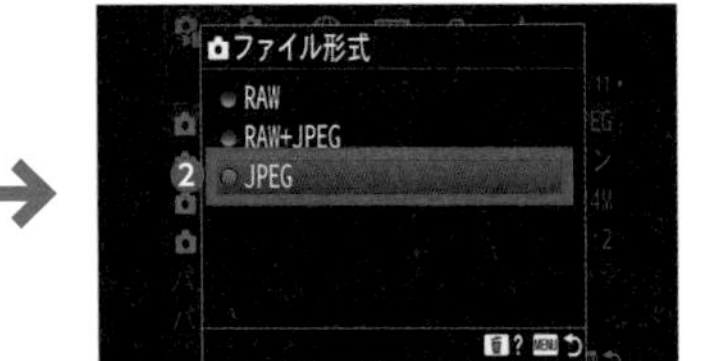

▲/▼で任意のファイル形式を選択し❷、中央ボタンを押す。

ONE POINT メモリーカードを初期化する

はじめてメモリーカードを使う場合は、動作を安定させるために初期化(フォーマット)する。ただし初期化するとメモリーカード内のデータはすべて消去されるので、必要なデータは前もってほかのデバイスに保存しておく。初期化は 4[フォーマット]から行う。

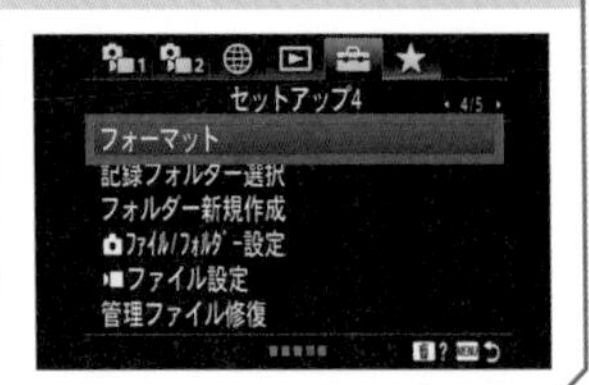

2 静止画の画質を設定する

JPEGの画質は、X.FINE、FINE、STDの3種類から選択することができる。X.FINEが一番高画質で、ついでFINE、STDの順となる。高画質に設定すると鮮明に写すことができるがその分容量は大きくなり、低画質に設定すると容量は小さくなるがその分粗くなる。初期設定ではバランスのよいFINEに設定されているので、使用用途によって変更してみよう。

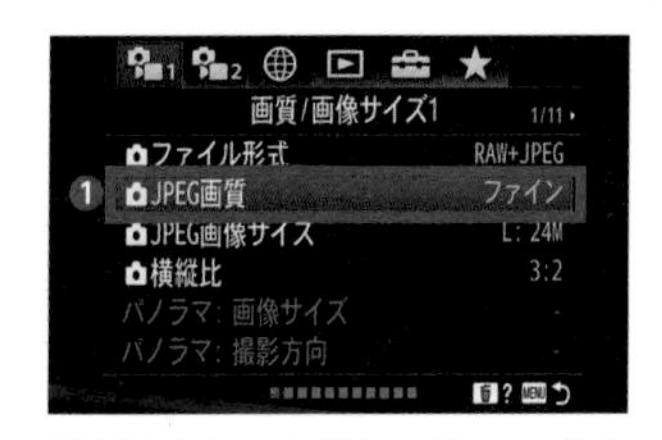

MENUボタンを押し、1の[JPEG画質]を選択し❶、中央ボタンを押す。

▲/▼で任意の記録画質を選択し❷、中央ボタンを押す。

3 JPEG画像サイズを変更する

JPEG画像はサイズ(画素数)も変えることができる。サイズはL、M、Sの3種類があり、画素数は[縦横比]によっても変わる。画像サイズが大きいほど大きな用紙にも精細にプリントでき、小さくするとたくさん撮影することができる。あらかじめ大きくプリントする予定がある場合はLサイズに、SNSやブログなどに使用する場合にはSサイズにするなどと使い分けることが可能だ。

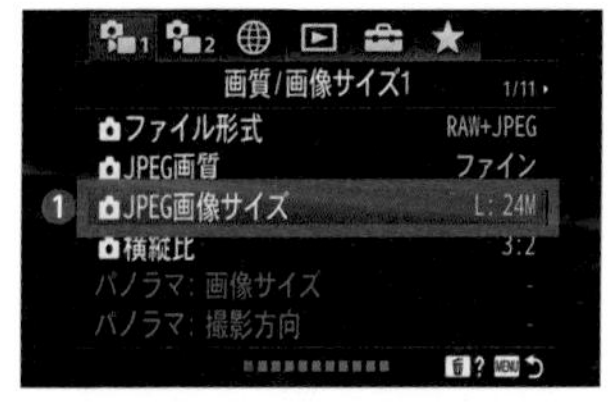

MENUボタンを押し、1の[JPEG画像サイズ]を選択し❶、中央ボタンを押す。

任意の画像サイズを選択し❷、中央ボタンを押す。

4 動画の記録方式を設定する

ZV-E10では、4Kなどの高解像度の映像を高圧縮してMP4ファイル形式で記録するXAVC S記録フォーマットを採用し、容量を抑えつつも高画質な映像を記録できる。記録方式は4K解像度のXAVC S 4Kと、HD解像度のXAVC S HDがあり、4Kは高画質な分容量が大きくなる。

MENUボタンを押し、2 1の［記録方式］を選択し❶、中央ボタンを押す。

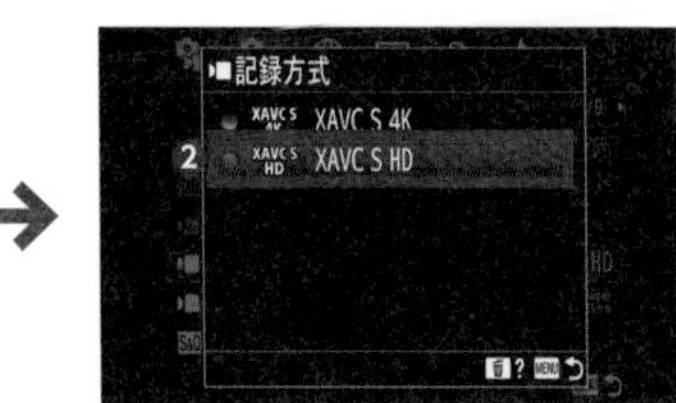

▲/▼で任意の記録方式を選択し❷、中央ボタンを押す。

5 動画の記録設定を知る

動画の記録設定では撮影時のビットレートとフレームレートを設定する。フレームレートは1秒間に見せる静止画の枚数で、大きいほど動画を滑らかに描写できる。ビットレートとは1秒間の情報量で、大きいほど動画の画質がよくなる。［60p 50M］だと、フレームレートは1秒間60コマ、ビットレートは約50Mbpsとなる。また、設定した動画の記録方式によって選択肢が異なる。

MENUボタンを押し、2 1の［記録設定］を選択し❶、中央ボタンを押す。

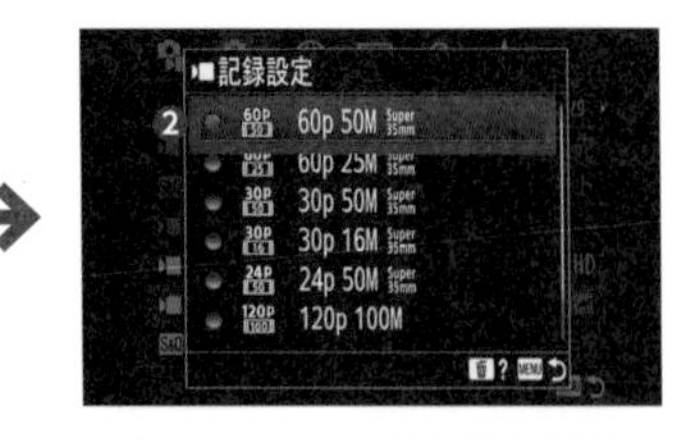

▲/▼で任意の記録設定を選択し❷、中央ボタンを押す。

6 スロー&クイックモーション撮影を設定する

スロー＆クイックモーションは、肉眼では捉えることのできないスローモーション動画やクイックモーション動画が撮影できる(→P.90)。音声は録音されず、記録設定とフレームレートの設定の組み合わせによって、再生速度が変わる。再生速度は下の表を参考にして撮影するとよい。

MENUボタンを押し、2 1の［S&Q スロー＆クイック設定］を選択し❶、中央ボタンを押す。

［S&Q 記録設定］❷か、［S&Q フレームレート］❸の設定したい項目を選択し、中央ボタンを押す。

▲/▼で任意の記録設定を選択し❹、中央ボタンを押す。

■［S&Q 記録設定］と［S&Q フレームレート］の設定による再生速度

S&Q フレームレート	S&Q 記録設定：24p	S&Q 記録設定：30p	S&Q 記録設定：60p
120fps	5倍スロー	4倍スロー	ー
60fps	2.5倍スロー	2倍スロー	通常の再生速度
30fps	1.25倍スロー	通常の再生速度	2倍クイック
15fps	1.6倍クイック	2倍クイック	4倍クイック
8fps	3倍クイック	3.75倍クイック	7.5倍クイック
4fps	6倍クイック	7.5倍クイック	15倍クイック
2fps	12倍クイック	15倍クイック	30倍クイック
1fps	24倍クイック	30倍クイック	60倍クイック

まとめ

- 静止画のファイル形式は、JPEG、RAW、JPEG＋RAWがある
- 動画は記録方式で4K動画かHD動画かを設定できる
- S&Qは記録設定とフレームレートの設定の組み合わせにより再生速度が変わる

Section 03
ボタンの操作を覚えよう

Keyword コントロールホイール、コントロールダイヤル、MENUボタン、Fnボタン

ZV-E10では、おもにコントロールホイールとコントロールダイヤルなどを使い、カメラを操作する。スムーズに設定を変えて撮影するためにも、基本的なボタンの操作に慣れていこう。

1 コントロールホイールの使い方

コントロールホイールは、回したり▲▼◀▶を押したりすることで、選択枠や数値を変えることができる。中央ボタンは選択したものを決定する確定ボタンになる。また、▲▼◀▶には、カメラに表記されている機能があらかじめ割り当てられている(→P.15)。

■ボタンを押す

▲▼◀▶：選択枠をそれぞれの方向へ動かす。

中央ボタン：選択した項目を決定する。

■コントロールホイールを回す

回すことで、選択枠を動かしたり、数値を変更したりする。

2 コントロールダイヤルの使い方

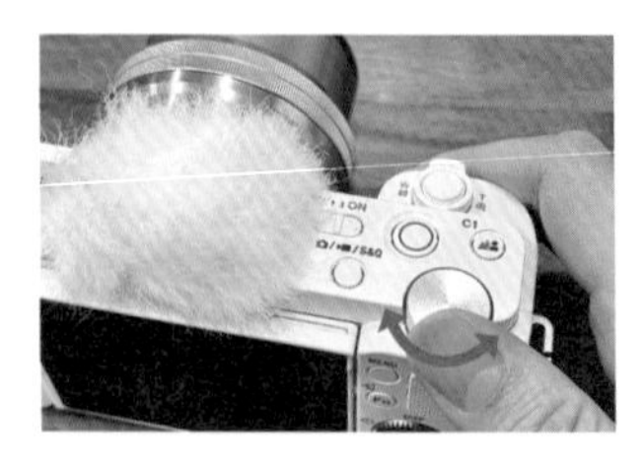

コントロールダイヤルは、回すことで撮影中に必要な設定を即座に変更できる。メニュー設定時には選択枠を動かしたり、再生時には画像を切り換えたりする。

3 カメラに関する設定はMENUボタンから行う

ZV-E10の撮影や再生など、カメラ全般の設定はメニュー画面から行うことができる。主な設定方法はMENUボタンを押すと表示されるメニュー画面から、画面上部に表示されるアイコンを選び、それぞれのメニューから設定したい項目を選択していく。

■メニュー画面を知る

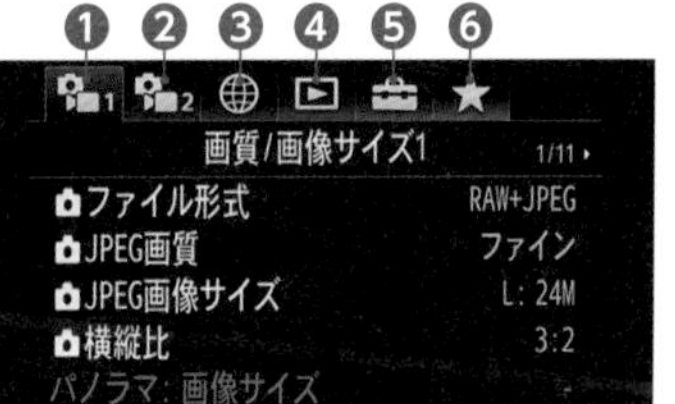

❶ 撮影設定1アイコン：撮影設定 1
❷ 撮影設定2アイコン：撮影設定 2
❸ ⊕：ネットワーク
❹ ▶：再生
❺ 🧰：セットアップ
❻ ★：マイメニュー

■設定を変更する方法

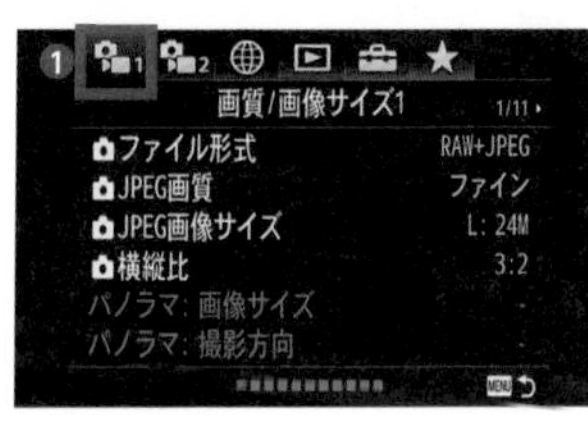

▲で画面上部のアイコンを選択する❶。

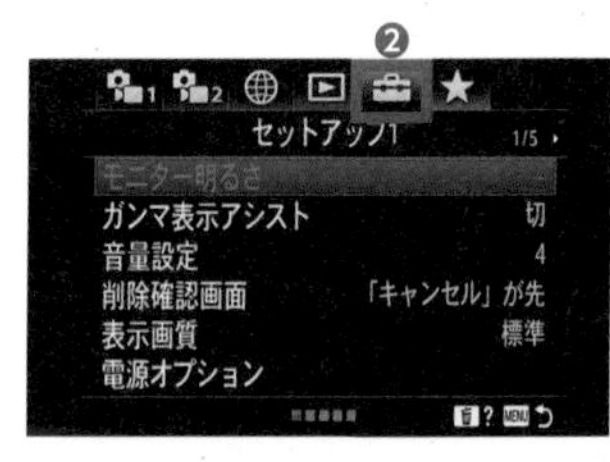

◀/▶で希望のアイコンを選択し、❷▼を押す。

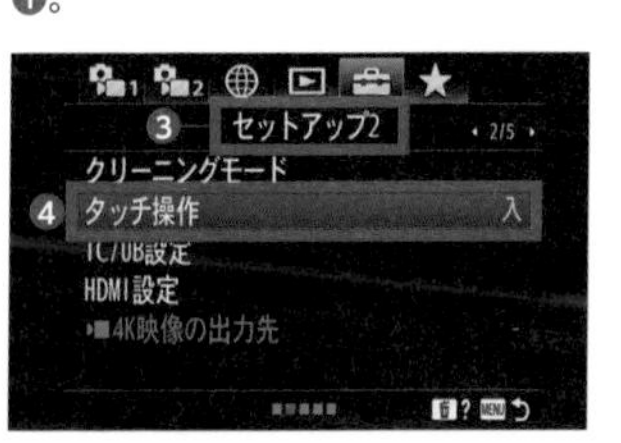

◀/▶で設定したい項目が表示されるページを選択し❸、▲/▼で設定したい項目を選び❹、中央ボタンで決定する。

設定画面が表示されるので、▲/▼で希望の設定を選んで、中央ボタンを押す。

4 Fnボタンから撮影の設定を行う

撮影の設定は、MENUボタンだけでなく、Fn（ファンクション）ボタンからも変更可能だ。撮影時にFnボタンを押すだけで、登録されている機能を**少ない手順ですばやく変更すること**ができる。初期設定では以下の12個の機能が登録されている。この設定は、撮影者が使いやすいように変更することもできる（→P.120）。

■ファンクションメニューの初期設定（静止画撮影時）

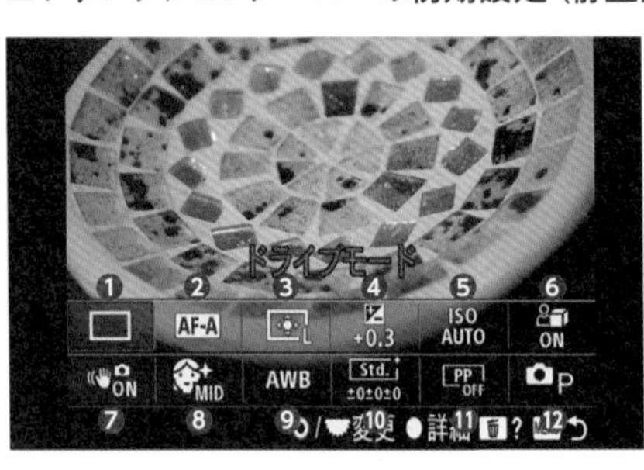

❶ドライブモード
❷フォーカスモード
❸フォーカスエリア
❹露出補正
❺ISO感度
❻商品レビュー用設定
❼手ブレ補正
❽美肌効果
❾ホワイトバランス
❿クリエイティブスタイル
⓫ピクチャープロファイル
⓬撮影モード

■ファンクションメニューの使い方

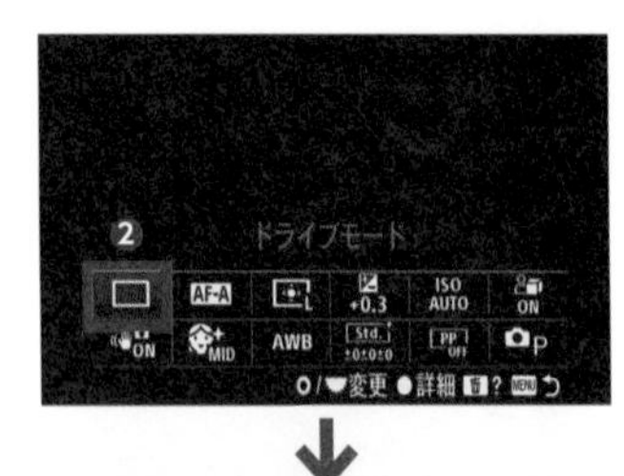

撮影時にFnボタンを押し❶、ファンクションメニューを表示する。▲/▼/◀/▶で設定したい機能を選択し❷、中央ボタンを押す。

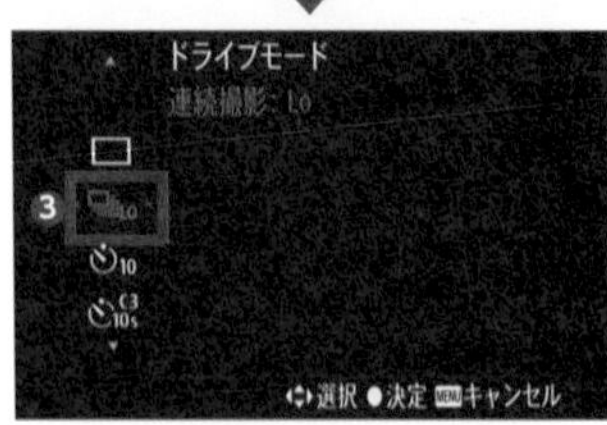

▲/▼で設定したい項目を選択し❸、中央ボタンを押して決定する。

5 削除ボタンからカメラ内ガイドを見る

ZV-E10では、わからないメニュー項目やファンクションメニュー項目について、削除ボタンを押すことで**設定に関する説明を表示することができる。**撮影時でも、わからない設定について取扱説明書などで確認しなくても、説明を見ることができるので、とても便利な機能だ。

■削除ボタンの使い方

メニュー項目

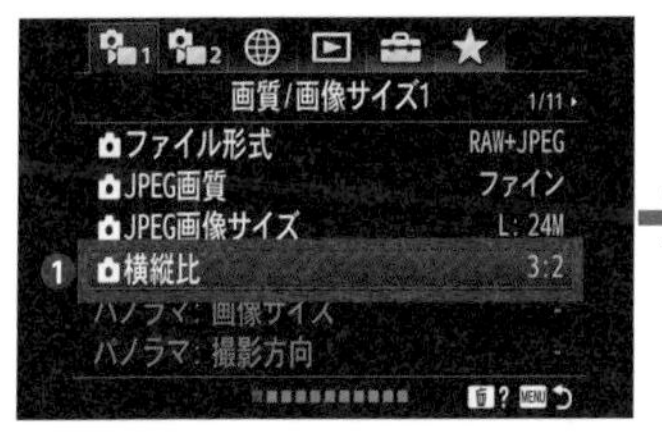

MENUボタンを押し、▲/▼/◀/▶を押して、説明を見たい項目を選択する❶。

削除ボタンを押すと、選択した項目の説明が表示される❷。

ファンクションメニュー項目

Fnボタンを押し、▲/▼/◀/▶を押して、説明を見たい項目を選択する❶。

削除ボタンを押すと、選択した項目の説明が表示される❷。

まとめ

- コントロールホイール、コントロールダイヤルで項目の設定や変更ができる
- 撮影に関する設定はMENUボタンまたはFnボタンから行える
- 削除ボタンでカメラ内ガイドを見ることができる

Section 04

モニターを確認してみよう

Keyword モニター、アイコン、DISPボタン

ZV-E10 のモニターは、大画面で高画質なことも魅力だ。撮影中のモニターの表示内容は、数種類から選択でき、**好みや状況に応じて自分の必要とする情報が表示されるように切り換えることができる**。撮影中にすばやく表示を切り換えたいなら、普段あまり使用しない表示はモニターに表示されないように設定することも可能だ。どのモニター表示に設定していても、露出に関わる撮影の設定値はモニター下部に常に表示されている。

1 モニター表示内容を確認する

モニター上には、現在の設定が確認できるように、さまざまなアイコンが表示されている。

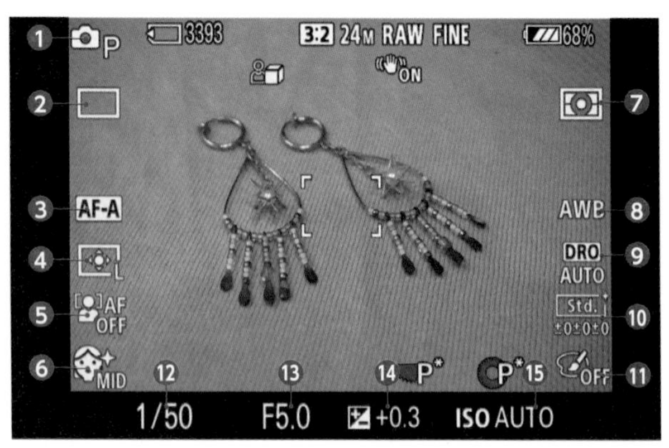

❶撮影モード（→ P.62 ～ 71）	❾ DRO ／オート HDR（→ P.106）
❷ドライブモード	❿クリエイティブスタイル（→ P.96）
❸フォーカスモード（→ P.36）	⓫ピクチャーエフェクト（→ P.102）
❹フォーカスエリア（→ P.46）	⓬シャッタースピード（→ P.68）
❺ AF 時の顔／瞳優先（→ P.42）	⓭絞り値（→ P.66）
❻美肌効果	⓮露出補正値（→ P.72）
❼測光モード（→ P.76）	⓯ ISO 感度（→ P.74）
❽ホワイトバランス（→ P.104）	

2 モニターの表示を切り換える

撮影時に▲（DISPボタン）を押すと、モニターの表示が切り換わる。表示は全5種類あり、DISPボタンを押すたびに表示が切り換わる。

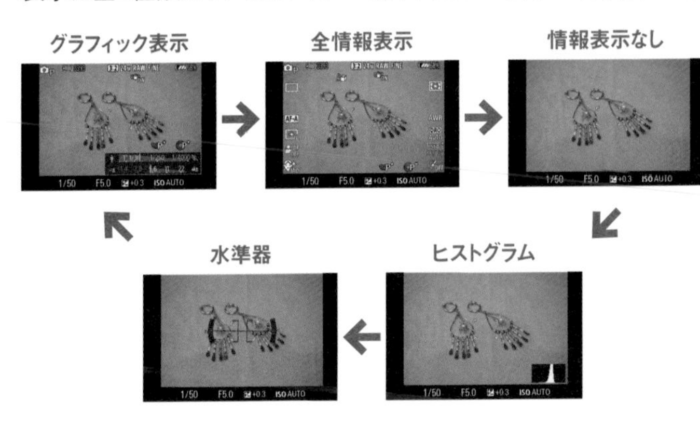

3 モニターに表示する種類を変更する

モニターの表示は使わない表示画面は表示しないように設定することができる。よく使用する表示のみに設定しておけば、撮影中もすばやく表示を切り換えることができて便利なので、自分の撮影スタイルに合わせて設定しよう。

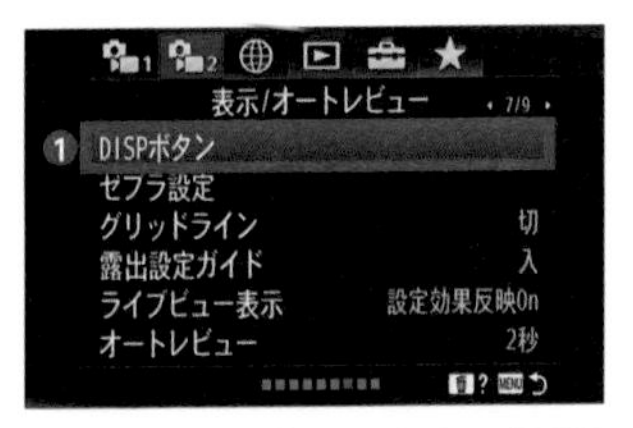

MENUボタンを押し、7の［DISPボタン］を選択し❶、中央ボタンを押す。

表示したい項目にチェックを入れ❷、▶で［実行］を選択し❸、中央ボタンを押す。

まとめ

- 撮影時のモニターでは現在の設定が確認できる
- モニターの表示は全5種類から選べる

Section 05 オートモードで撮影しよう

Keyword オートモード、おまかせオート、半押し、全押し、タッチフォーカス

撮影準備が整ったら、一番かんたんな撮影モードで身近なものを撮ってみよう。気になる被写体を見つけたら、ZV-E10を構えてシャッターボタンを押してみる。まずはオートモードの［おまかせオート］にして撮影するのがおすすめだ。

1 静止画撮影でオートモードに設定する

ZV-E10のオートモードには、［おまかせオート］と［プレミアムおまかせオート］の2種類がある。［プレミアムおまかせオート］は［おまかせオート］の機能に加え、暗いシーンや逆光のシーンでも、ブレやノイズを抑えた高画質な写真を撮影することができる。

■おまかせオートの設定方法

🎦/▶■/S&Q切換ボタンを押し、静止画モードにする❶。

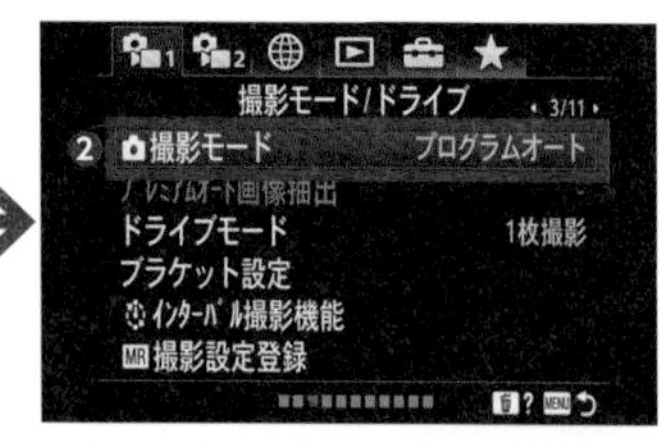

MENUボタンを押し、3の［撮影モード］を選択し❷、中央ボタンを押す。

▲/▼で［おまかせオート］を選択し❸、中央ボタンを押す。

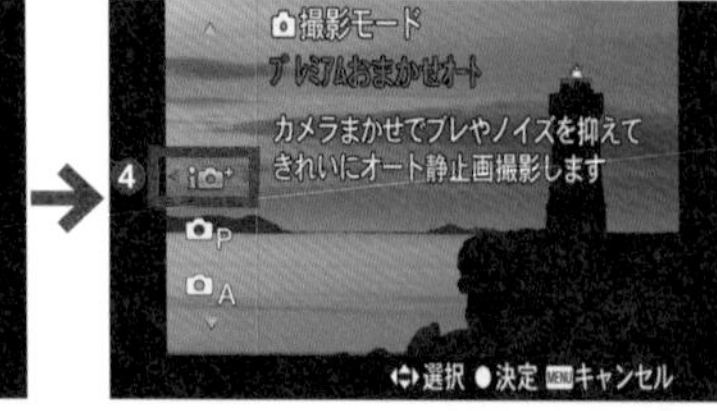

［おまかせオート］を選択時に◀/▶を押すと、［プレミアムおまかせオート］と切り換えることができる❹。

2 シャッターボタン半押しでピントを合わせて撮る

シャッターボタンは2段階になっている。シャッターボタンを浅く押すことを「半押し」といい、半押ししてからさらに深く押すことを、「全押し」という。「半押し」のときはピント合わせや露出値が設定され、「全押し」をするとシャッターが切れる。

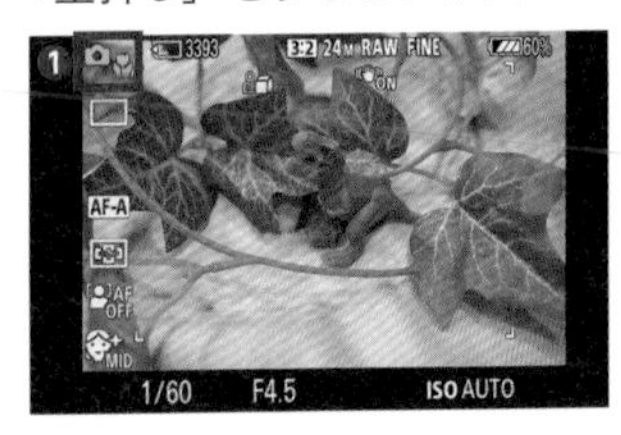

［おまかせオート］に設定し、被写体にカメラを向ける。カメラがシーンを認識すると、左上にシーン認識マークが表示される❶。

シャッターボタンを半押しすると、ピピッと音が鳴り、カメラが自動でピントを合わせ、画面右下に緑の●が表示される❷。そのままシャッターボタンを全押しすると、写真が撮影される。

3 タッチパネルでピントを合わせて撮る

ピントを合わせたい箇所をタッチして指定ができるタッチフォーカス機能は、**直感的にピントの位置を指定することができる。**画面中央だけでなく、端にいる被写体にも構図を変更することなく、モニターをタッチするだけでフォーカス位置を変えられる。

■設定方法

MENUボタンを押し、2 9の［タッチ操作時の機能］を選択し❶、中央ボタンを押す。

［タッチフォーカス］を選択し❷、中央ボタンを押す。

ピントを合わせたい部分にタッチすると、フォーカス枠が表示される❸。そのままシャッターボタンを半押すると枠内にピントが合い、全押しすると写真が撮影される。

4 動画撮影でオートモードに設定する

動画撮影でも同様にオートモードがあり、シーンを認識して動画を撮影する［おまかせオート］が設定できる。［おまかせオート］に設定してカメラを向けるだけで、撮影シーンに適した設定にしてくれるのでかんたんにきれいな動画が撮影できる。

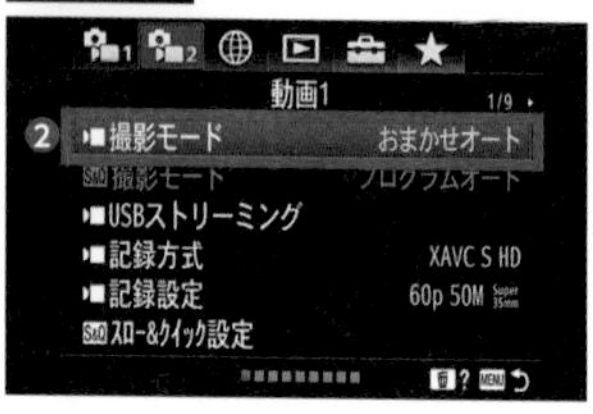

/▶■/S&Q切換ボタンを押し、動画モードにする❶。MENUボタンを押し、2 1の［▶■撮影モード］を選択し❷、中央ボタンを押す。

▲/▼で［おまかせオート］を選択し❸、中央ボタンを押す。

5 動画を撮影する

動画の撮影は、MOVIE（動画）ボタンを押すだけでかんたんにはじめられる。撮影モードを［おまかせオート］にしてまずは撮影を楽しもう。

MOVIE（動画）ボタン❶を押すと撮影が開始される。

撮影を停止するときは、もう一度MOVIE（動画）ボタンを押す。

■動画撮影時のポイント

撮影シーンを認識すると、
アイコンが表示される。

動画の撮影中はモニター上に赤い枠が表示され、STBYの表示がRECに変わる。

被写体を認識するとピント合わせが行われる。ピント合わせが遅い場合は、シャッターボタンの半押しでピント合わせすることも可能だ。

撮影中もFnボタンを押すとフォーカスエリアやフォーカスモードを変更することもできる。ただし、ボタンを押す音も録音されてしまうおそれがあるため、事前に設定を確認しておいた方が無難だ。

ONE POINT **静止画撮影待機中に動画を撮りはじめることもできる**

静止画撮影中でも、急に動画を録画したいと思ったらMOVIE（動画）ボタンを押すと、[おまかせオート]の撮影モードで録画をすることができる。細かい設定を変更するのであれば、静止画/動画/S&Q切換ボタンを押して動画の事前準備をした方がよいが、とっさに動画を撮影したい場合は、MOVIE（動画）ボタンを活用しよう。

静止画撮影モードにしていても、MOVIE（動画）ボタンを押せば動画撮影ができる。

まとめ

- 静止画のオートモードには［おまかせオート］と［プレミアムおまかせオート］の2種類がある
- 動画のオートモードは［おまかせオート］がある
- 静止画撮影待機中でもMOVIE（動画）ボタンを押すと、動画を撮影することができる

Section 06

画像を再生／削除しよう

Keyword 再生、インデックス再生、削除

撮影した画像は、ZV-E10に装着したメモリーカードに記録される。画像がうまく撮れているかどうか見るためにも、すぐに再生して確認するようにしよう。撮影に失敗したときはその場で撮り直すことができ、不要な画像を削除しておけば、後で画像を選ぶ際の手間を省くことができる。

1 静止画や動画を再生する

■静止画を再生する

再生ボタンを押すと❶、モニターに撮影された静止画が再生される。

◀またはコントロールホイールを左に回すと、より古い静止画が再生される。▶またはコントロールホイールを右に回すと、より新しい静止画が再生される。

■動画を再生する

再生ボタンを押し、◀/▶で再生したい動画を表示し❶、中央ボタンを押す。

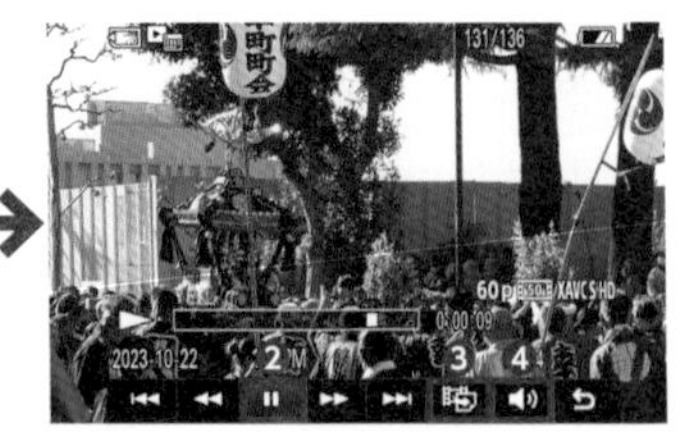

動画再生中に▼を押すと再生メニューが開き、一時停止❷や、動画から静止画作成❸、音量調整❹などができる。

2 静止画を拡大する

被写体にピントが合っているか確認したいときは、拡大表示機能を使うのがおすすめだ。

静止画を再生した状態で、W/T(ズーム) レバーをT側に動かすと❶、再生画像が拡大される。

画面左下の静止画の中に拡大位置が表示される❷。

コントロールホイールを回すと、拡大倍率を調節することができる❸。

▲/▼/◀/▶を押すと、拡大位置を移動することができる❹。

3 画像を一覧表示にする

確認したい撮影画像を探すときには、一覧表示に切り換えると便利だ。**一覧表示にすると一度に複数の画像を表示できるので**探しやすい。また、カレンダーを表示することができるので、**撮影日から画像を探す**ことも可能だ。

画像を再生した状態でW/T(ズーム) レバーをW側に動かすと一覧表示になる。

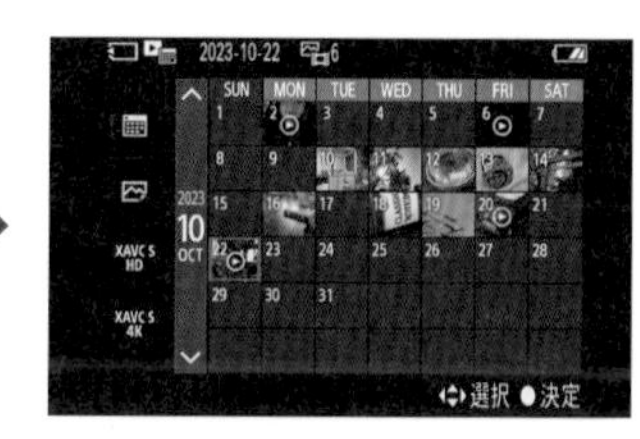

再度レバーをW側に動かすとカレンダー表示に切り替わる。戻すにはレバーをT側に動かすか、中央ボタンを押す。

4 1つの画像を削除する

削除したい画像を再生した状態で、削除ボタンを押す❶。

確認画面が表示されるので、▲/▼で[削除]を選択し❷、中央ボタンを押す。

5 複数の画像を削除する

削除したい画像が複数ある場合は、選択して削除するのがおすすめだ。こまめに不要な画像を削除して、メモリーカードの容量を確保しておこう。

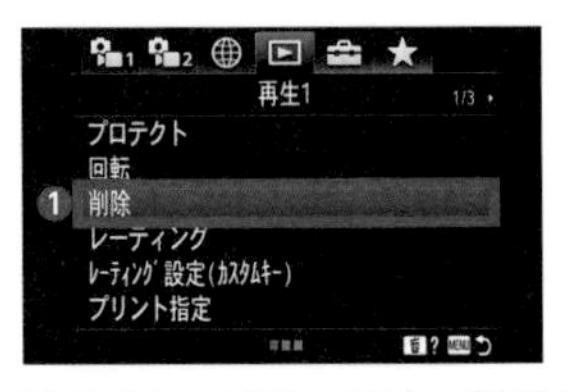

MENUボタンを押し、▶1の[削除]を選択し❶、中央ボタンを押す。

[画像選択]を選び❷、中央ボタンを押す。

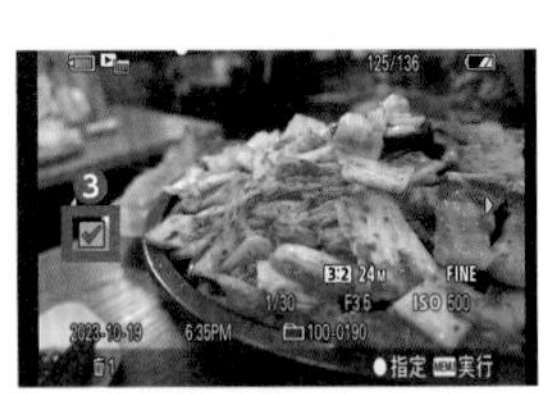

削除したい画像を表示し、中央ボタンを押すとチェックマークがつく❸。

MENUボタンを押すと、確認画面が表示される。▲/▼で[確認]を選択し❹、中央ボタンを押す。

まとめ

- 動画再生メニューから静止画を作成することができる
- 静止画のピントが合っているか確認したいときは、拡大表示する
- 再生画像を一覧表示やカレンダー表示にすると、見たい画像をすばやく見つけることができる
- 削除の方法には1つずつと、複数を一度に削除する方法がある

Chapter

2

ピント合わせを理解して撮影しよう

Section 01

ピントを理解しよう

Keyword ピント、被写界深度

ピントとは、レンズの焦点(フォーカス)のこと。ピントが合っていれば被写体が鮮明に写り、合っていなければぼやけて写る。写真を見るとき人の視線はピントが合っている部分に自然と誘導されるので、主題の被写体にしっかりピントを合わせて撮影しよう。

1 ピントを合わせるとは

被写体にレンズの焦点を合わせることを「ピントを合わせる」という。同じ構図でもピントをどこに合わせるかは撮影者によって違う。最初に主題を決め、そこにピントを合わせよう。ピントの位置によって、写真の印象が大きく変わるので、撮影の際はピント合わせに注意する。

手前にある小物にピントが合っている。奥のクレヨンがボケることで、手前の小物が主役になった。

奥にあるクレヨンにピントが合っている。手前の小物がボケることで、奥のクレヨンが主役になった。

2 被写界深度とは

被写界深度とは、ピントの合う範囲を表す写真用語。ピントの合う範囲は、レンズの焦点距離、絞り値、撮影距離（被写体とカメラの位置）によって変化する。被写界深度が浅いとピントの合う範囲が狭くなり、周囲がボケる。反対に深いと周囲がシャープに写る。

■一部にピントを合わせる

被写界深度を浅くして被写体に近づき、まん中の電球にピントを合わせ前後を大きくボカした。主役にしっかりとピントを合わせることがコツだ。

■全体にピントを合わせる

被写界深度を深くし、ふかんで撮影することで全体にピントが合う。被写体から離れ、全体を捉えるように写すのがコツだ。

ONE POINT 被写界深度と撮影距離の関係

カメラの設定が同じ値でも、被写体までの距離によって被写界深度は変わる。距離が近ければ被写界深度は浅くなり、遠ければ深くなる。

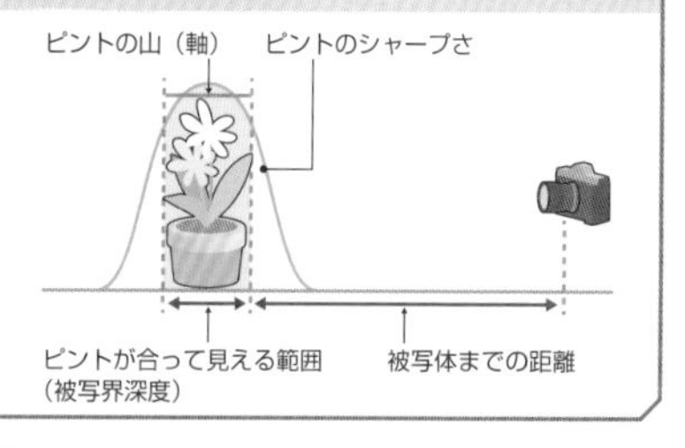

まとめ

- 被写界深度とはピントの合う範囲のこと
- 被写界深度が浅ければピントの合う範囲が狭い。被写界深度が深ければピントの合う範囲が広い

Section 02
AFモードを選ぼう

Keyword オートフォーカス、マニュアルフォーカス、DMF

ピントを自動的に合わせる機能をAF（オートフォーカス）という。ZV-E10にはフォーカスモードとして、方法が異なる3つのAFと、ピントを手動で合わせるMF（マニュアルフォーカス）(→P.40)、AFで合わせてMFで微調整できるDMF（ダイレクトマニュアルフォーカス）の5つから選択できる。

1 フォーカスモードを選ぶ

3種類のAFはそれぞれ得意なものが違う。AF-Sは動かない被写体に適している。AF-Cは動く被写体にピントを合わせ続けてくれる。AF-Aは止まっている被写体と動いている被写体でAFを自動で切り換えてピントを合わせてくれる。

■フォーカスモードの種類

AF-S（シングルAF）	シャッターボタンを半押しすると、ピントが合った位置にピントが固定される。
AF-A（AF制御自動切り換え）	被写体の動きに応じて、AF-SとAF-Cが切り換わる。シャッターボタンを半押しすると、「被写体が静止している」と判断したときはピント位置を固定し、「被写体が動いている」と判断したときはピントを合わせ続ける。
AF-C（コンティニュアスAF）	シャッターボタンを半押ししている間、ピントを合わせ続ける。AF-Cでは、ピントが合ったときに「ピピッ」という電子音は鳴らない。
DMF（ダイレクトマニュアルフォーカス）	AF-Sでピントを合わせた後、手動で微調節できる。最初からMFで合わせるよりもすばやくピント合わせができ、マクロ撮影などに便利。
MF（マニュアルフォーカス）	レンズのフォーカスリングを回して、手動でピントを合わせる（→P.40）。

2 フォーカスモードを設定する

MENUボタンを押し、4の[フォーカスモード]を選択し❶、中央ボタンを押す。

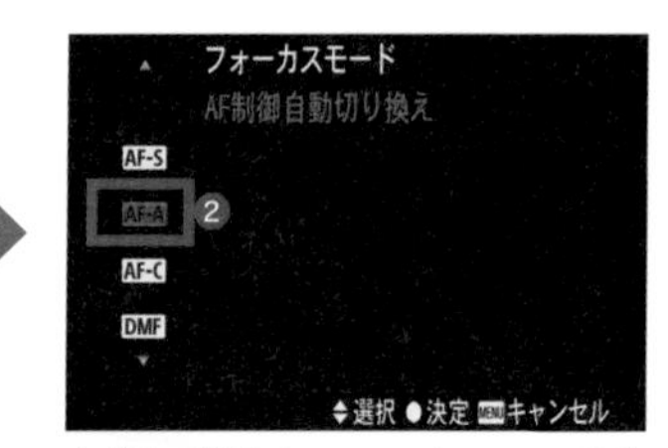

▲/▼で好みのフォーカスモードを選択し❷、中央ボタンを押す。

3 DMFのピント合わせ

大まかなピントをAFで合わせた後、MFで詳細なピント合わせができるDMF。ここではピント合わせの方法を確認しておこう。

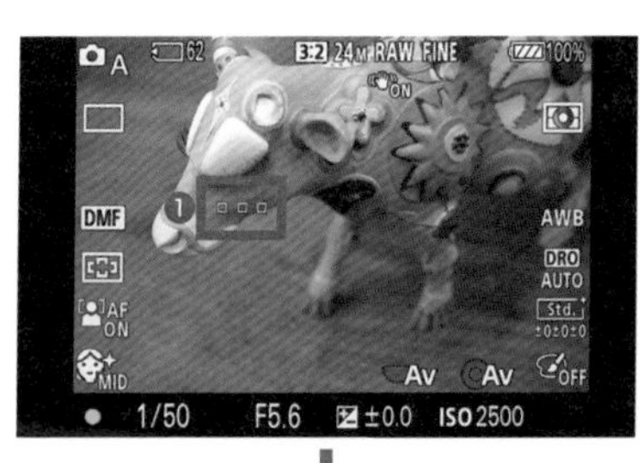

フォーカスモードを[DMF]に設定し、シャッターボタンを半押ししてピントを合わせる❶。

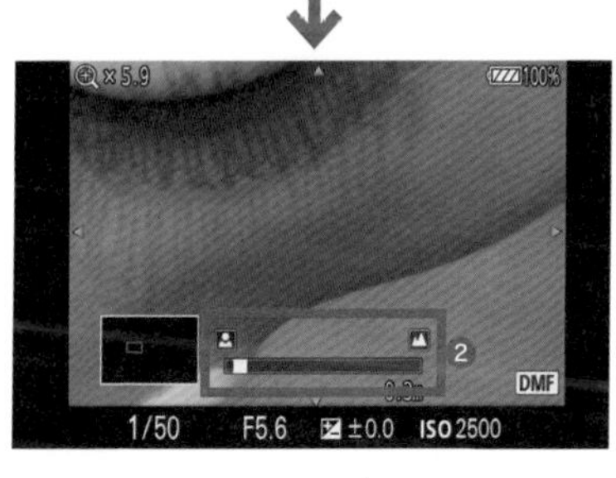

半押ししたままレンズのフォーカスリングを回すと、MFでピントを微調整することができる❷。ピントが決まったら、シャッターボタンを全押しして、撮影する。

まとめ
- ZV-E10には、5つのフォーカスモードがある
- DMFでは、ピントをAFで合わせた後、MFで微調節できる

Section 03

自動でピントが合うAFを使おう

Keyword AF-S、AF-C、AF-A

AF（オートフォーカス）とは、撮影者の操作により、カメラが自動でピントを合わせる機能だ。ZV-E10には、３種のAFの機能があり、フォーカスモードで切り換える。

1 AF-Sのピント合わせ

AF-Sはフォーカスエリアにある**被写体までの距離を測定し自動でピントを合わせる**。シャッターボタンを半押しし続けている間、ピント位置までの距離は固定されるので、ピントを合わせた状態で構図を変えることができる。動きのない被写体に適している。半押しした後に被写体までの距離が変わると、ピントが合わなくなるので注意しよう。

ピントを合わせたい被写体にカメラを向けて、シャッターボタンを半押しすると、ピントが合ってフォーカス枠が緑になる❶。フォーカスマークが表示され❷、ピントが固定される。全押しして撮影する。

ONE POINT フォーカスロック

AF-Sのピント位置が固定される特徴を利用すると、半押し状態で構図を変えても、ピントは固定したまま撮影することができる。この状態を**フォーカスロック**という。ここではシャッターボタン半押しで牛にピントを合わせ、半押しのままカメラを動かして構図を変えている❶。

2 AF-Cのピント合わせ

AF-Cはシャッターボタンを半押しし続けている間、フォーカスエリアにある被写体までの距離を測定し続ける。一度ピントを合わせると、ピントを合わせた被写体の動きを追い続ける。**動く被写体**に適している。

シャッターボタンを半押しすると、フォーカスエリアに収まっている被写体にピントが合った。

被写体や撮影者が動いてもフォーカスエリアに収まっている限り、ピントを合わせ続けてくれる。

3 AF-Aのピント合わせ

AF-Aは**被写体の動きによってAF-SとAF-Cが自動的に切り換わる**。シャッターボタンを半押しし被写体にピントを合わせた後、被写体が静止しているとAF-Sとなり、被写体が動いているとAF-Cに切り換わる。**予測しにくい動きをする被写体**に適している。

被写体が止まったままなら、AF-Sとして撮影できる。

止まっていた被写体が動き出したときは、AF-Cとして撮影できる。

まとめ

- ZV-E10は、3種類のAF機能がある
- ピントが固定された状態のことをフォーカスロックという
- 動きを予測しづらい被写体にはAF-Aが有効

Section 04 手動でピントを合わせるMFを使おう

Keyword　MF、ピント、MFアシスト、ピーキング

MF（マニュアルフォーカス）とは、レンズのフォーカスリングを回すことで、撮影者が手動でピントを合わせる機能だ。技術は必要だが、AFよりも精密なピント調整ができる。

1 手動でピントを合わせてみよう

MFでピントを調節するときは、注意深い操作が求められる。拡大表示（MFアシスト）をうまく使えば、狙った位置にピントを合わせやすくなる。手動でのピント合わせに慣れ、撮影の幅を大きく広げよう。

MENUボタンを押し、4の[フォーカスモード]から、▲/▼で[マニュアルフォーカス]を選択し❶、中央ボタンを押す。

レンズのフォーカスリングを回す❷。

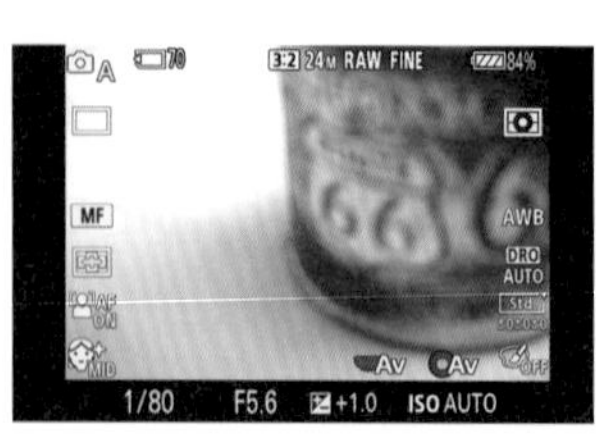

写真が拡大表示される（MFアシスト：ONE POINT参照）。

フォーカスリングを回してピントを合わせる。

2 ピーキングを使って撮る

ピーキングとは、ピントが合っている部分の輪郭が色で強調される機能のこと。強調度は高、中、低の3種類あり、表示される色も数種類から選択できる。

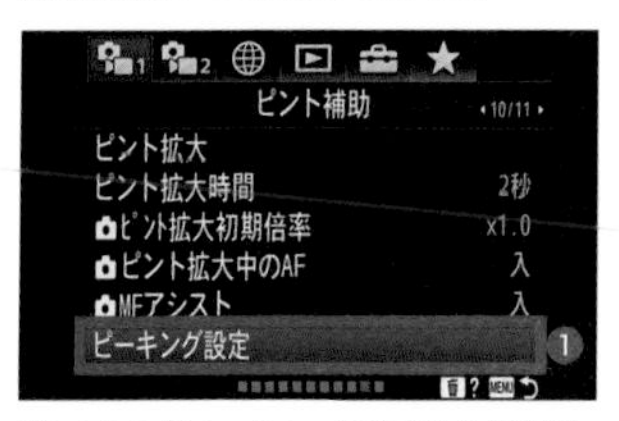

(撮影設定)10の［ピーキング設定］を選択し❶、中央ボタンを押す。

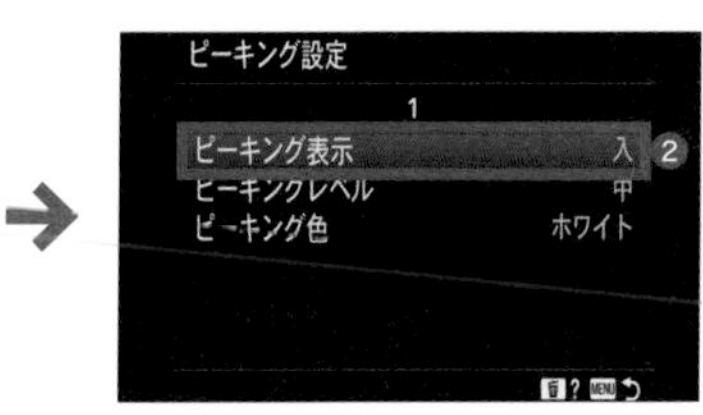

［ピーキング表示］を選び、［入］を選択する❷。

［ピーキング設定］では、同じように［ピーキングレベル］や［ピーキング色］も選択できる。好みの強調レベル、強調色を設定したら、MFで撮影してみよう。ピントの合っている部分が、選択した強さや色で強調される。

ピントが合っている部分が赤色で強調された。

ONE POINT　MF時に役立つMFアシスト

MFまたはDMFで撮影する際、ピントを合わせるときに画像を自動で拡大表示をしてくれる、MFアシストという機能がある。拡大することで、合わせたい位置にピントが合っているか確認することができる。またピント拡大時間を［2秒］［5秒］［無制限］から選択できるので、撮影状況や撮影スタイルに合わせて活用していこう。

MENUボタンを押し、(撮影設定) 10の［MFアシスト］を［入］に設定する❶。

※動画撮影時は［MFアシスト機能］は使えないため、［ピント拡大機能］を使う。

MFで撮影時、レンズのフォーカスリングを回すと、拡大表示される❷。

中央ボタンを押すと、さらに拡大表示される❸。▲▼◀▶で、拡大したい箇所にフレームを移動できる❹。

まとめ
- MFは手動でレンズのフォーカスリングを回してピントを調整する
- 拡大表示やピーキング機能でピントを合わせやすくする

Section 05

リアルタイム瞳AFを活用しよう

Keyword 顔／瞳AF設定

AI（人工知能）を活用した新技術「リアルタイム瞳AF」は、人物や動物の撮影ではとても頼りになる機能だ。リアルタイムに被写体の人物の瞳を検出して追随するだけでなく、動物の瞳にも対応可能になった。

1 顔/瞳AF設定を使ってみよう

顔/瞳AFとは、AFのときにフォーカスエリア内にある顔や瞳を検出してピントを合わせる機能のこと。［入］に設定して、ポートレートや家族写真を撮るときに活用してみよう。

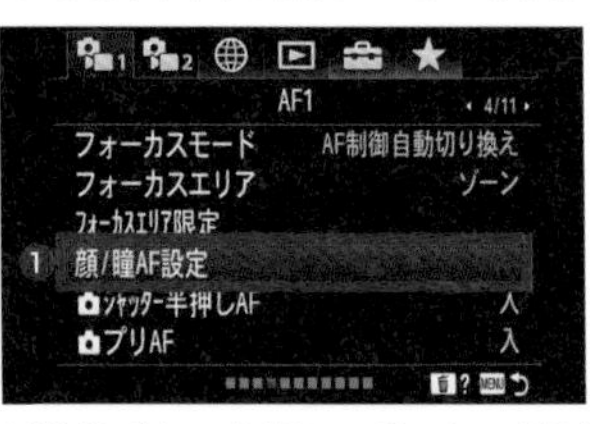

MENUボタンを押し、4の［顔/瞳AF設定］を選択し❶、中央ボタンを押す。

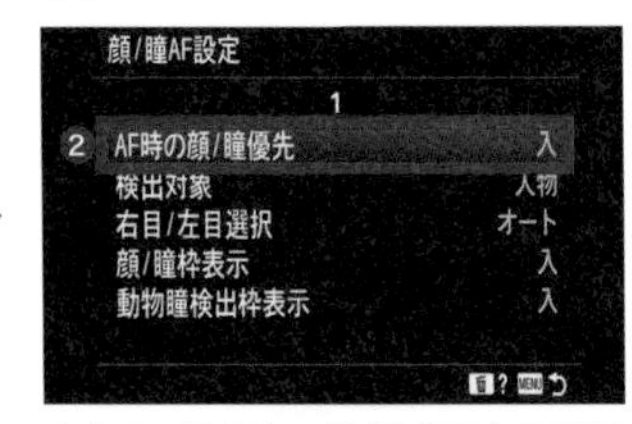

▲/▼で［AF時の顔/瞳優先］を選択し❷、［入］を選び、中央ボタンを押す。

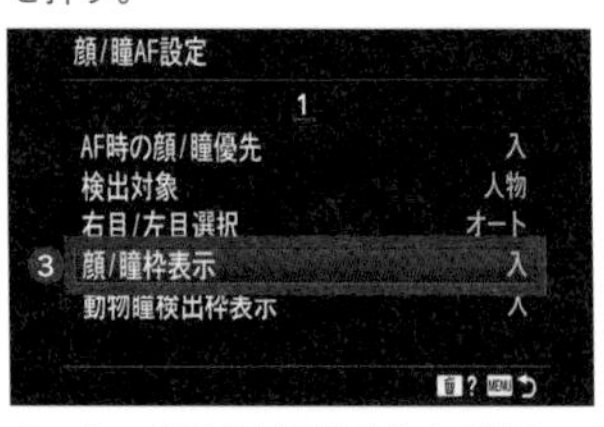

4の［顔/瞳AF設定］を選択し、［顔検出枠表示］を選び❸、中央ボタンを押す。

▲/▼で［入］を選択し❹、中央ボタンを押す。

両目を捉える角度になると、自動的に瞳にピントが合う。左右どちらの目にピントを合わせるかを設定せずにオートにしていると、カメラに近い方の目にピントが合う。

2 ピントを合わせたい瞳を設定する

フォーカスモードが3種のAF時なら（→P.38）、瞳を合わせてシャッターボタンを半押しするだけで、被写体の瞳にピントを合わせてくれる。フォーカスエリアが広い方が瞳を認識する範囲も広くなるので、**ワイドやゾーンで撮影する**のがおすすめだ。撮りたい顔を優先的に認識するよう登録したり、左右の目のどちらかにピントを合わせる設定にしたりすることもできる。

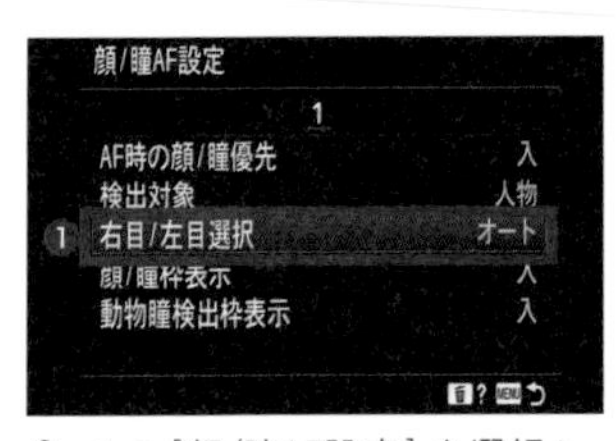

4 の［顔/瞳AF設定］を選択し、［右目/左目選択］を選び❶、中央ボタンを押す。

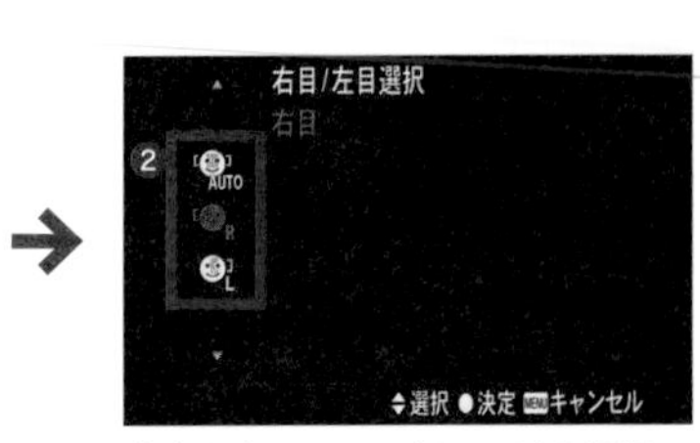

焦点を合わせたい好みの瞳を選択し❷、中央ボタンを押す。

ZV-E10の測距点は425点と多く、広い範囲をカバーしている。被写体が画面の端にいてもしっかりと瞳を認識し、ピントを合わせてくれる。自由な構図で撮影することができる。

ONE POINT リアルタイム瞳AFは動物の瞳にも対応

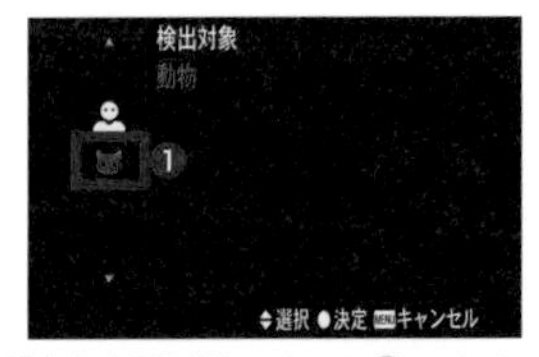

ハイレベルな物体認識技術を用いて瞳を捉えるリアルタイム瞳AFでは、人物だけでなく動物の瞳も検出することができる。これにより、これまでフォーカス枠をピンポイントで合わせることが難しかった、犬や猫などの動物の撮影が格段に撮影しやすくなった。MENUボタンを押し、 4の［顔/瞳AF設定］から、［検出対象］を［動物］にすると❶、より動物の瞳を捉えやすくなる。

まとめ
- 被写体の瞳にピントを合わせてくれる
- 人物だけでなく動物の瞳にもピントを合わせられる

Section 06

タッチトラッキングを使おう

Keyword タッチトラッキング

タッチトラッキングとは、**モニターに映る被写体をカメラが自動で認識し続ける機能**である。AF使用時はシャッターボタンを半押ししなくても、撮りたい被写体にタッチするだけでピントを合わせることができるので、直感的な操作ができる。

1 タッチトラッキングを設定してピントを合わせる

フォーカスエリアに関わらず、モニター上の被写体をタッチすることで被写体を認識するタッチトラッキング。まずは🧰2でタッチ操作を有効にしてから、タッチ操作時の機能を設定していこう。

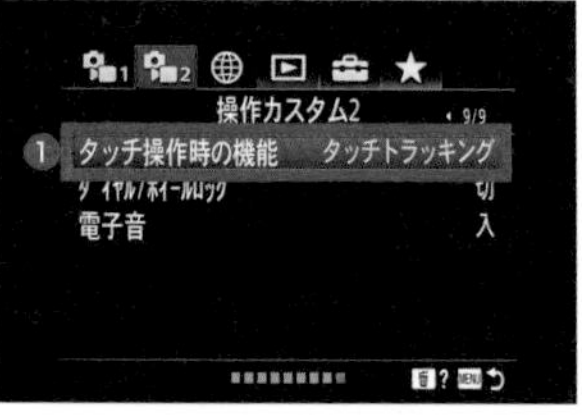

MENUボタンを押し、📷2 9の［タッチ操作時の機能］を選択し❶、中央ボタンを押す。

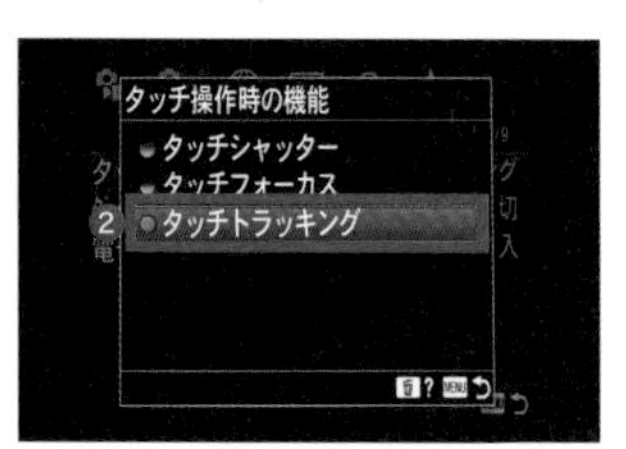

▲/▼で［タッチトラッキング］を選択し❷、中央ボタンを押す。

ピントを合わせたい位置をタッチすると被写体を認識し、フォーカス枠が表示される❸。

シャッターボタンを半押しすると、認識した被写体にピントが合う。そのまま全押ししてシャッターを切る。

2 タッチして被写体を認識させる

モニター上の被写体をタッチすると、カメラがその被写体を認識する。シャッターボタンを半押しすると、認識した被写体にピントが合う。解除しない限りは認識し続けるので、構図が決まっていない場合や動く被写体を撮影するときには、まずタッチトラッキングで被写体を認識させよう。撮りたいタイミングですぐピントを合わせることができるので、シャッターチャンスを逃しにくい。

被写体をタッチすると、認識した被写体にマークが表示される。被写体が画角から外れても、また画角内に被写体が入れば認識されるので、構図を変えてもすぐピントを合わせることができる。トラッキングを解除する場合は、中央ボタンを押す。

ONE POINT　トラッキングとタッチトラッキング

被写体を追尾してフォーカス枠を合わせ続ける「トラッキング」機能には、フォーカスエリア（→P.46）で指定するトラッキングと、タッチ操作で指定するタッチトラッキングがある。トラッキングはフォーカスモードが[AF-C]のときのみ使うことができるが、タッチトラッキングはフォーカスモードが[AF-C]だけでなく、[AF-S]、[AF-A]、[DMF]のときにも使うことができる。とっさのときや直感的に使いたいときは、タッチトラッキングがおすすめだ。

まとめ

- タッチトラッキングを設定すると、被写体をタッチして認識できるようになる
- 構図が決まっていない場合や動く被写体にはタッチトラッキングが有効

Section 07

フォーカスエリアを選ぼう

Keyword ワイド、ゾーン、中央、フレキシブルスポット、拡張フレキシブルスポット、トラッキング

画面内で、どの位置にピントを合わせるかを決めるのが、フォーカスエリアだ。撮りたい被写体に合わせてフォーカスエリアを設定すれば、自在にピントを合わせることができる。

1 フォーカスエリアを知る

フォーカスエリアには、**カメラが自動でピント位置を決めるもの**と、**撮影者がピント位置（フォーカス枠）を指定できるもの**がある。初期設定の状態で選択できるフォーカスエリアは一部の項目のみ。AF1の4の［フォーカスエリア設定］から、よく使う項目だけ選択することができる。

■カメラが自動で設定するフォーカスエリア

ワイド	モニター全体を基準に、自動でピント合わせをする。シャッターボタンを半押しすると、ピントが合ったエリアに緑色のフォーカス枠が表示される。
ゾーン	モニター上でピント合わせをしたいゾーンの位置を選び、その中で自動でピントを合わせる。
中央	モニター中央にあるフォーカス枠でピントを合わせる。フォーカスロック（→P.38）をする際に適している。

■撮影者が指定するフォーカスエリア

フレキシブルスポット	モニター上の任意の位置にフォーカス枠を移動し、非常に小さな被写体や狭いエリアを狙ってピントを合わせる。
拡張フレキシブルスポット	フレキシブルスポットで選んだ1点にピントが合わせられない場合に、周囲のフォーカスエリアをピント合わせの第二優先エリアとして、周辺のフォーカスエリアを使ってピントを合わせることができる。
トラッキング	フォーカスモードがAF-Cのときのみ選択可能。シャッターボタンを半押しすると、選択されたAFエリアにある被写体を追尾する。フォーカスエリア設定画面でトラッキングの開始エリアを変更できる。

2 フォーカスエリアを設定する

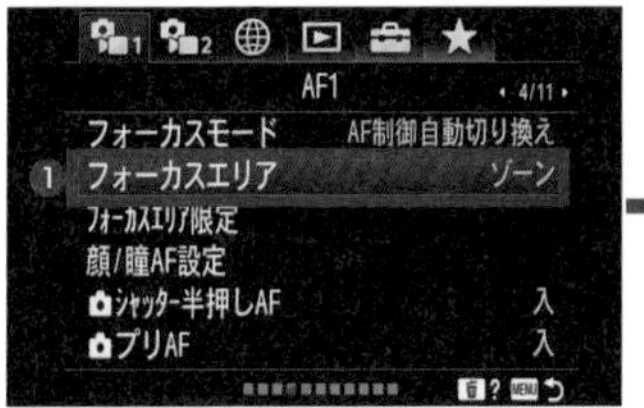

MENUボタンを押し、4の［フォーカスエリア］を選択し❶、中央ボタンを押す。

▲/▼で好みのフォーカスエリアを選択し❷、中央ボタンを押す。

メニュー画面からだけでなく、ファンクションメニュー（→P.22）から設定することもできる❶。

3 フォーカスエリアを活用する

1 動きの大きいものはワイドで撮る

撮像エリアの約84%をカバーする425点の測距点を最大限に活用し、画面内ならば被写体がどこにいてもピントを合わせられる。予測しにくく大きく動く被写体にはワイドがおすすめだ。AF-Cと組み合わせることで、シャッターボタンを半押しし続けている間は被写体を広範囲でピントを捉え続ける。

ワイドで撮影することで、自由に動き回る犬にもしっかりとピントを合わせられた。背景が広々としていてカメラが被写体を捉えやすいシーンに特に有効だ。

2 乗り物はゾーンで撮る

飛行機や電車など、動きが予想しやすい被写体の場合はゾーンがおすすめだ。自分の撮りたい構図によってフォーカス枠をあらかじめ配置するとよい。左から右に動く飛行機などを画面の左側に配置して撮りたければ、フォーカス枠を左に移動しておこう。

3 フォーカスロックは中央で撮る

AF-Sでフォーカスロック（→P.38）を行う場合は中央がおすすめだ。最初に中央でピントを合わせておくことで、どの方向でもカメラを大きく動かさずに撮影できる。常に画面中央部でピントを合わせるため、AF後にシャッターボタン半押しで構図を整える際に効果的だ。

4 ボケ感を出すときはフレキシブルスポットで撮る

背景をボカしたい場合や自分で決めた場所にきっちりピントを合わせたいときは、フレキシブルスポットがおすすめだ。カメラまかせでは思い通りの箇所にピントが合わない場合でも、的確に被写体にピントを合わせることができる。カメラを動かすとピントが外れてしまうような浅い被写界深度では、最初に構図を決めフォーカス枠を移動させてからピントを合わせよう。

5 小さく動く被写体には拡張フレキシブルスポットで撮る

拡張フレキシブルスポットでは、通常のフレキシブルスポットよりもフォーカスエリアを広げ、周囲の拡張枠も使ってピントを合わせることができる。動き回る動物など、フレキシブルスポットの小さな範囲ではピントを合わせづらいような撮影シーンにおすすめだ。

6 大きく動く被写体はトラッキングで追尾する

トラッキングとは、AF-Cでピントを合わせたときに被写体がフォーカスエリアから大きく外れても、**シャッターボタンを半押ししている限り、追尾してくれる機能だ**。最初にピントを合わせるためのフォーカス枠も選ぶことができる。

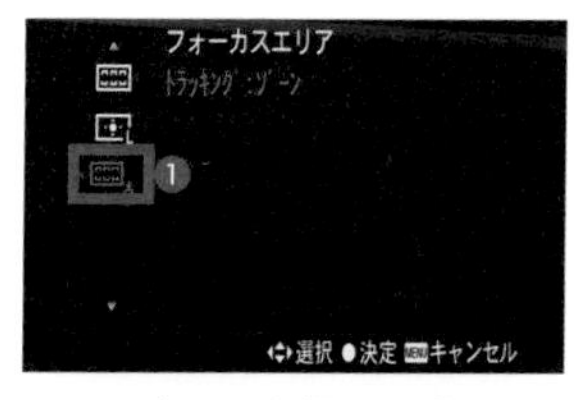

MENUボタンを押し、 4の[フォーカスエリア]から、▲/▼で[トラッキング]を選択する❶。

▲/▼/◀/▶でトラッキングの開始エリア❷を移動させ、中央ボタンを押す。

シャッターボタンを半押しすると被写体の追尾を開始する。

シャッターボタンを半押ししている間、フォーカス枠が被写体を追尾し続ける。シャッターボタンを全押ししてシャッターを切る。

まとめ

- 背景をボカしたい被写体にはフレキシブルスポットが効果的
- 拡張フレキシブルスポットは小さく動く被写体に最適
- 大きく動く被写体はトラッキングで追尾する

Section 08 カメラまかせのフォーカスエリアを使おう

Keyword フォーカスエリア、 ワイド、 フレキシブルスポット

フォーカスエリアの［ワイド］、［ゾーン］、［中央］は、カメラがピント合わせする位置を決めてくれる便利な機能だ。スナップや子どもの撮影など、撮影シーンがよく変わるシーンで特に有効で、［ワイド］にしておくとモニター全体から自動でピントを合わせる。

1 カメラまかせの［ワイド］で撮影する

カメラが自動でピント合わせしてくれるフォーカスエリアのなかで、一番広い範囲を認識するのが［ワイド］だ。モニターに映るほとんどの範囲を認識してくれるので、端のほうにいる被写体でも、シャッターボタン半押しするとピント合わせをしてくれる。

MENUボタンを押し、4の［フォーカスエリア］を選択し❶、中央ボタンを押す。

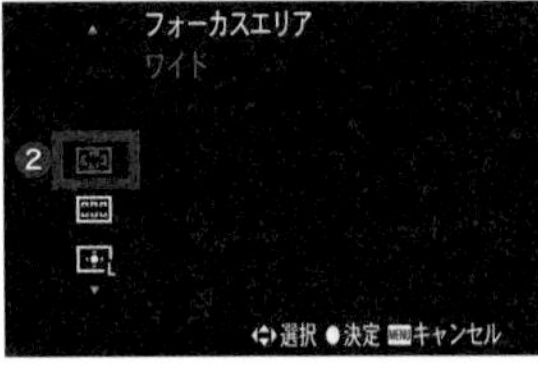

▲/▼で［ワイド］を選択し❷、中央ボタンを押す。

半押しすると、モニターに映る被写体にカメラが自動でピント合わせを行う。

メニュー画面からだけでなく、Fnボタンを押すと表示されるファンクションメニューから設定することもできる。

■［ワイド］による撮影方法

MENUボタンを押し、 4の［フォーカスエリア］で［ワイド］を選択し、シャッターボタンを半押しする。

ピントが合った部分に緑色のフォーカス枠が表示される❶。そのままシャッターボタンを全押しして撮影する。

2 ［ワイド］設定時に自分でピント位置を決める方法

フォーカスエリアをワイドに設定している場合、画面に入る被写体にカメラが自動でピントを合わせるが、狙った場所にピント合わせが行われない場合がある。そんなときはピントを合わせたい場所をタッチするだけで**フォーカス枠を自由に移動できる**。フォーカスエリアの設定をワイドやゾーンなどで撮影していても、**モニターを触るだけでタッチトラッキングに変わる**ので、とっさにフォーカスエリアを切り換えることができる。

手前の被写体にピントが合ってしまったので、奥の被写体にタッチするとフォーカス枠が表示された❶。

タッチした被写体が動いても認識し続ける。シャッターボタンを半押ししてピントを合わせ❷、全押しして撮影する。

まとめ
●フォーカスエリアをワイドにしていても、ピント合わせしたい場所をタッチするだけでフォーカス枠を直感的に移動できる

Section 09

フォーカスモードとフォーカスエリアを組み合わせよう

Keyword　フォーカスモード、フォーカスエリア

スムーズなピント合わせをするには、フォーカスモードとフォーカスエリアをうまく組み合わせることが必要になる。被写体や撮影状況など、よく撮るシーンでの組み合わせを見つけておこう。

1 AF-S×フレキシブルスポットで広がりのある風景

広い風景を撮るときは特定の被写体や動く被写体にピントを合わせる必要がない。フォーカスモードをAF-Sに設定し、ピント位置を固定することでシャッターチャンスと構図に集中できる。自分で狙った位置に狭い範囲でピントを合わせる拡張フレキシブルスポットを使えば、ピントがほかの被写体に合うこともない。

波しぶきが高く舞う海岸をAF-Sと拡張フレキシブルスポットで撮影。波しぶきの一瞬を捉えることに成功した。

画像DATA
モード▶シャッタースピード優先　絞り▶F6.3　シャッター▶1/1250 秒
ISO ▶ 160（ISO AUTO）　露出補正▶ -0.7　ホワイトバランス▶太陽光
レンズ▶ E 55-210mm F4.5-6.3 OSS　焦点距離▶ 210mm

2 AF-C×ゾーンで飛行機の流し撮り

動く被写体を流し撮りするときは、シャッターボタンを半押ししている間、被写体にピントを合わせ続ける**AF-C**を使う。飛行機のような大きな被写体は、フォーカスエリアを**ゾーン**にすることでピント位置が決まりやすい。

飛行機をゾーンで合わせて流し撮り。AF-Cで飛び立つ飛行機にピントを合わせ続けることができる。

画像DATA
モード▶シャッタースピード優先
絞り▶F8.0　シャッター▶1/30秒
ISO▶100（ISO AUTO）
露出補正▶-0.3
ホワイトバランス▶太陽光
レンズ▶E 55-210mm F4.5-6.3 OSS
焦点距離▶132mm
その他▶NDフィルター ND16使用

3 AF-A×ワイドで子どもを撮る

じっとしていたり走ったり、動きの予測がしづらい子どもを撮影するときは、被写体の動きに応じて**AF-SとAF-Cを自動で切り換えるAF-A**が便利だ。**広い範囲にピントが合った状態（パンフォーカス）**にするためには、フォーカスエリアを**ワイド**にして、モニター全体を基準に自動でピントを合わせるとよい。

遊んでいる子どもをAF-Aとワイドで狙う。フォーカスエリアをワイドにすることでモニター全体からピント位置を決める。

画像DATA
モード▶シャッタースピード優先
絞り▶F3.5　シャッター▶1/60秒
ISO▶1000（ISO AUTO）
露出補正▶+1.0
ホワイトバランス▶オート
レンズ▶E PZ 16-50mm F3.5-5.6 OSS
焦点距離▶16mm

まとめ
- 広い風景を撮るときはAF-S×ワイドがおすすめ
- 大きい被写体を流し撮りするにはAF-C×ゾーン
- 動きの予測がしづらい子どもはAF-A×拡張フレキシブルスポットが有効

Section 10

タッチ操作でピントを合わせよう

Keyword タッチパッド操作、フォーカス枠

ZV-E10はピントを合わせる位置をタッチで指定できる［タッチフォーカス］が使用できる。タッチフォーカスは、カメラが自動で設定するフォーカスエリア（→P.46）を設定中に使用できる。フォーカスモードはAFに設定しておこう。

1 タッチフォーカスを設定してピントを合わせる

撮影待機中、モニターをタッチした際の動作は［タッチ操作時の機能］から設定することができる。初期設定では[タッチトラッキング]（→P.44）で、［タッチフォーカス］ではピント合わせる場所を指定でき、［タッチシャッター］ではタッチした位置にピントが合うと同時にシャッターが切られる。

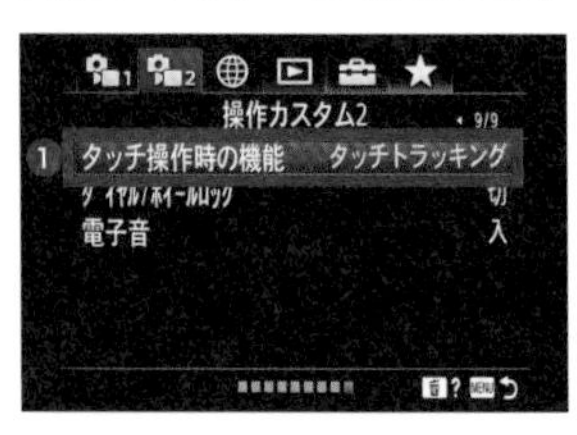

MENUボタンを押し、2 9の[タッチ操作時の機能]を選択し❶、中央ボタンを押す。

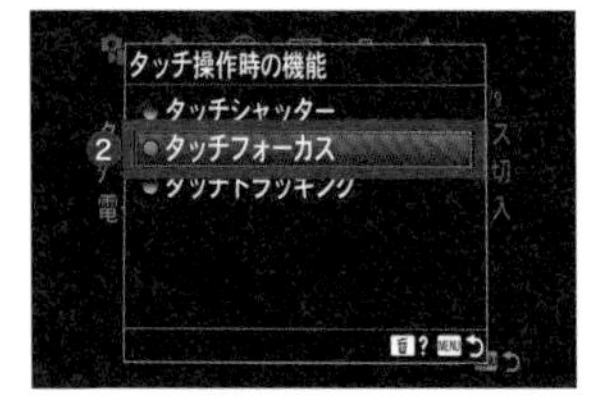

▲/▼で［タッチフォーカス］を選択し❷、中央ボタンを押す。

ピントを合わせたい被写体をタッチすると、フォーカス枠が表示される❸。

シャッターボタンを半押しすると、認識した位置にピントが合う。そのまま全押ししてシャッターを切る。

2 タッチフォーカスに向いているシーン

タッチフォーカスは、止まっている被写体で構図をしっかり練りたいときに向いている。手前の被写体を前ボケにしたいときや、画面の端のほうにピントを合わせたいときに有効だ。タッチフォーカスを使用する際は、2の［タッチ操作］が［入］になっているか確認しよう。また、撮影モードが［スイングパノラマ］、［フォーカスモード］が［MF］やデジタルズーム中は、タッチフォーカスが機能しないので注意しよう。

シャッターボタンを半押しすると手前の被写体にピントが合ってしまうので、奥の被写体をタッチしてピントを合わせた。で、構図を変えてもすぐピントを合わせることができる。ピント合わせを解除する場合は、中央ボタンを押す。

ONE POINT タッチシャッターの撮影方法

［タッチ操作時の機能］で設定できる機能は［タッチフォーカス］、［タッチトラッキング］（→P.44）のほかに［タッチシャッター］がある。タッチシャッターに設定すると、右上にタッチアイコンが表示される。タッチアイコンをタッチするとオレンジ色に変わり、タッチシャッターが利用できるようになる。タッチシャッターを設定していても、アイコンをタッチしないと機能が有効にならないので、不意にモニターを触ってもシャッターが切れる心配がない。

まとめ

- タッチフォーカスを設定すると、被写体をタッチしてピントを合わせる位置を設定できる
- タッチフォーカスは奥の被写体にピントを合わせるときや、前ボケを入れたいときなどに有効

Column 01

グリッドラインと縦横比を設定しよう

水平線などの自然風景やビルなどの建物を撮影する際に気になるのが水平垂直を保てていられるかだ。モニター表示（→P.25）で水準器を表示する手もあるが、垂直も確認したい場合や構図の参考にするのであればグリッドラインが便利だ。例えば三分割構図にするなら、[3分割] のグリッドラインを選ぼう。普段使用しない [縦横比] にしたときも、グリッドラインがあれば構図を組みやすい。

■グリッドラインの設定方法

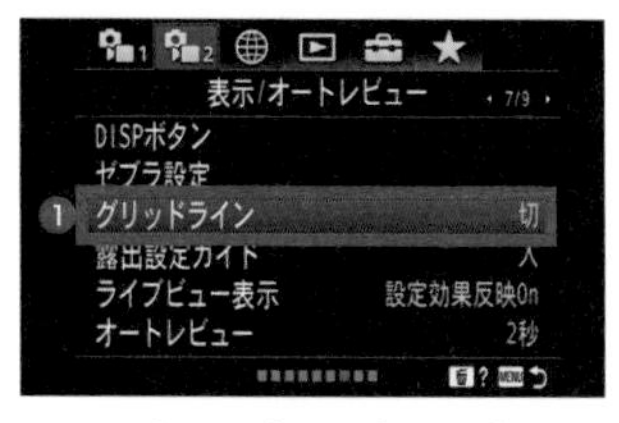

MENUボタンを押し、7の[グリッドライン] を選択し❶、中央ボタンを押す。

任意のグリッドラインを選択し❷、中央ボタンを押す。

■縦横比の設定方法

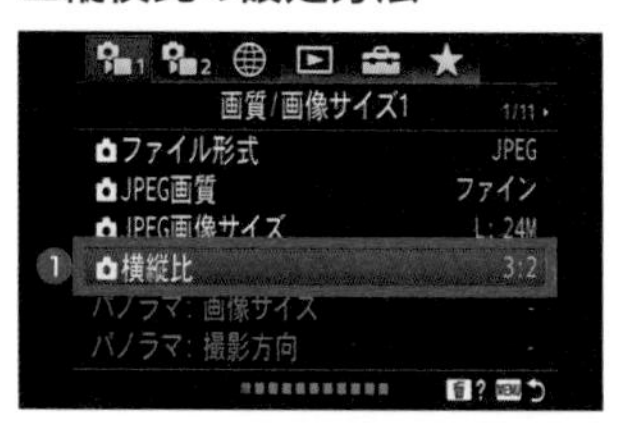

MENUボタンを押し、 1の[縦横比] を選択し❶、中央ボタンを押す。

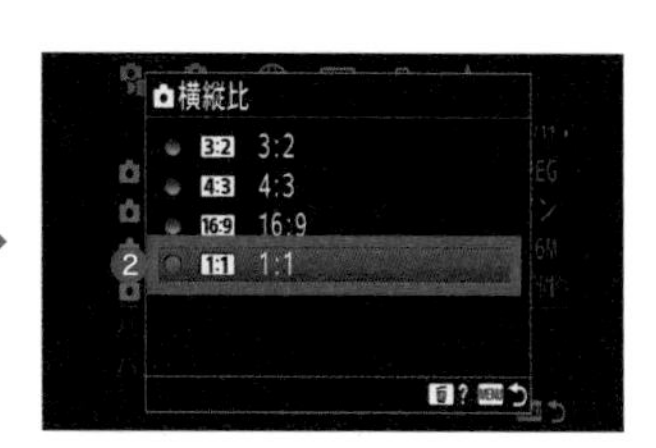

任意の縦横比を選択し❷、中央ボタンを押す。

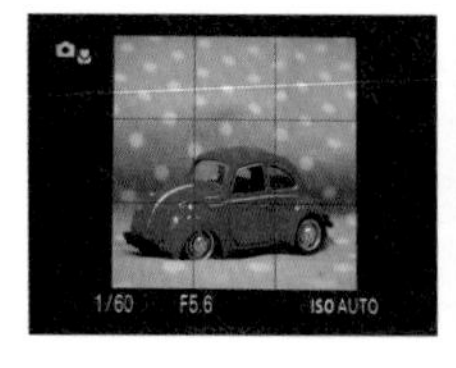

一般的な写真の縦横比は3：2。あまり撮ることの少ない1：1や、動画に使用される16：9などの縦横比では、構図を考える際にグリッドラインを使用するとよい。

Chapter

3 露出を理解して撮影しよう

Section 01 露出について理解しよう

Keyword 露出、絞り、シャッタースピード

画像は、レンズから取り込んだ光をイメージセンサーが感知すること（露出）によって、画像として記録される。絞りとシャッタースピードで光量を調整すれば、写真の明るさが変化する。レンズが取り込む光量の値を絞り値といい、Fという単位で表される。

1 絞りとシャッタースピードについて

撮像素子に当たる光の総量は、絞り値とシャッタースピードの組み合わせで決まる。水道の蛇口を絞り、コップに水が溜まるまでの時間をシャッタースピードにたとえると、蛇口を開けば開くほど水量は増え、コップに水が満たされるまでの時間は短くすむ。つまり、絞りを開く（＝蛇口を開く）とシャッタースピードを速くでき、逆に絞りを絞る（＝蛇口を閉める）とシャッタースピードを遅くする必要があるということだ。

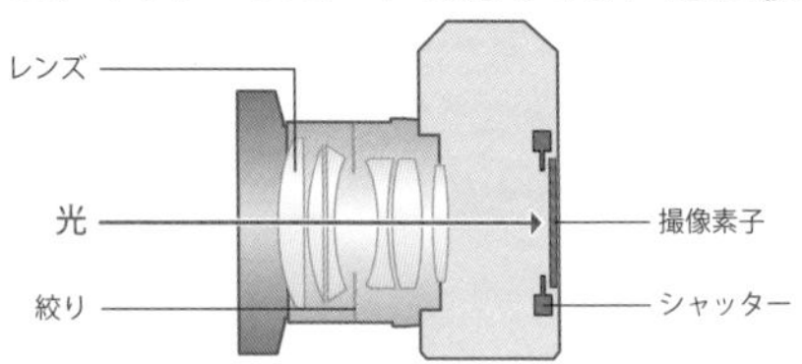

■絞りを開く

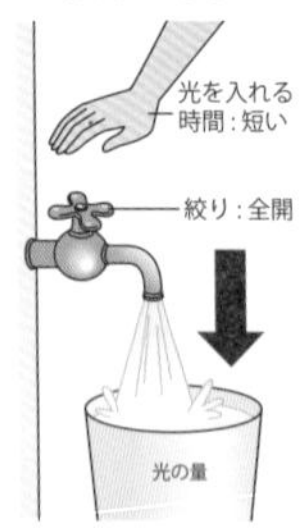

絞りを開くのは、蛇口を大きく開いたような状態。水の量（光量）は多くなり、水の溜まる時間（シャッタースピード）も速くなる。

■絞りを絞る

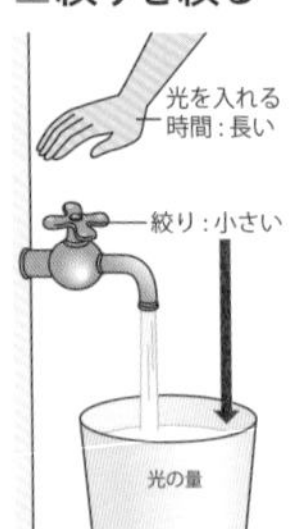

絞りを絞るのは、蛇口を少しだけ開いたような状態。水の量（光量）は少なくなり、水の溜まる時間（シャッタースピード）も遅くなる。

2 露出の組み合わせと画像の明るさ

絞りやシャッタースピードを操作すれば、画像を明るくすることも暗くすることもできる。同じ露出でも、絞りとシャッタースピードの組み合わせはいくつもあり、それによって写真は大きく変わる。自分の表現したいように、組み合わせを考えよう。

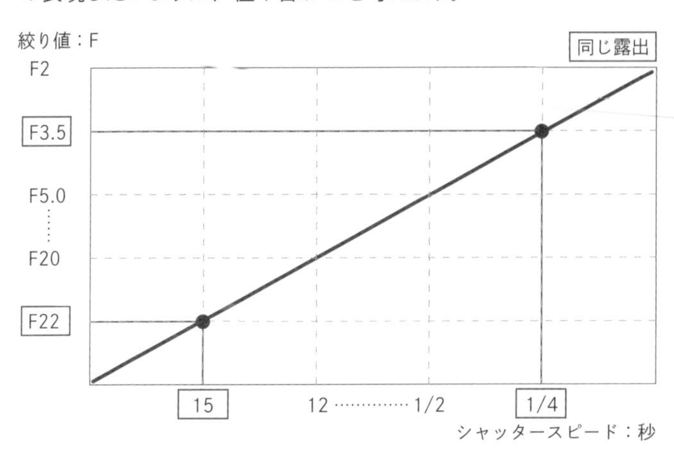

■F22・1/25秒

絞りを絞り、シャッタースピードを遅くして撮影。絞り値を大きくしたため被写界深度は深くなり、シャッタースピードが遅いため川の水に流動感がある。

■F3.5・1/1000秒

絞りを開き、シャッタースピードを速くして撮影。絞り値が小さいため被写界深度は浅くなり、シャッタースピードが速いため川の水は止まっているように見える。

まとめ

- 露出は絞り値（F値）とシャッタースピードの組み合わせで変わる
- 同じ露出でも、絞り値とシャッタースピードの組み合わせはいくつもある。表現によって使い分けよう

Section 02 標準露出と適正露出について理解しよう

Keyword 標準露出、適正露出、露出補正

ZV-E10では露出をカメラまかせにしてこだわりの写真を撮ることができる。露出は、測光モード（→P.76）により被写体の明るさを測って決められるが、被写体の色によっては撮影者が意図した明るさにならない場合がある。

1 標準露出と適正露出のちがい

標準露出とは、カメラが判断した明るさのこと。カメラは、マニュアル（→P.70）以外のモードでは基本的に標準露出で撮影するようにプログラムされている。なお、撮影者がイメージした明るさのことを適正露出という。標準露出と適正露出が違うときは、露出補正を行うとよい（→P.72）。

■標準露出と適正露出

左の画像は露出をカメラまかせの標準露出で撮影したものだ。イメージよりも暗かったので、右の画像では露出補正で明るさを調整した。

画像DATA
モード▶絞り優先
絞り▶F5.6
シャッター▶1/80秒
ISO▶500　露出補正▶0
ホワイトバランス▶オート
レンズ▶E PZ 16-50mm F3.5-5.6 OSS
焦点距離▶50mm

画像DATA
モード▶絞り優先
絞り▶F5.6
シャッター▶1/80秒
ISO▶1250　露出補正▶+1.3
ホワイトバランス▶オート
レンズ▶E PZ 16-50mm F3.5-5.6 OSS
焦点距離▶50mm

2 適正露出で撮影しよう

露出をカメラまかせで撮影していると、撮影シーンによっては撮影者のイメージした明るさと異なる写り方をする場合がある。よくあるのが画面の大部分を白い被写体、黒い被写体が占めるシーンだ。画面の大部分を白い被写体が占めると、カメラは明るいと判断して暗めの露出になる。そのようなときは露出補正を行うか、シャッタースピードや絞り値を変更し、適正露出にするとよい。

画面の大部分を白い被写体が占めてイメージより暗くなってしまったため、露出補正で明るく補正した。

■F11・露出補正0

絞り優先モード（→P.66）でF11に設定して撮影。黒い被写体だったのでカメラが暗いと判断し、明るく写ってしまった。

■F11・露出補正-1.3

適正露出になるよう露出補正をマイナスにして撮影。シャッタースピードが速くなり、イメージした明るさで撮影できた。

まとめ

- 標準露出とはカメラが判断した明るさのことで、適正露出とは撮影者がイメージした明るさのこと
- 画面の大部分を白っぽい被写体、黒っぽい被写体が占めてイメージした明るさにならないときは、露出補正をする

Section 03 ZV-E10の撮影モードを知ろう

Keyword　おまかせオート、P、A、S、M、撮影設定呼び出し、スイングパノラマ、シーンセレクション

ZV-E10の撮影モードは、カメラまかせにできるおまかせオートに、撮影者が機能や設定を変更できるP、A、S、M、BULBモード、パノラマ写真が撮れるスイングパノラマ、撮影シーンを設定するとそれに適した撮影設定にしてくれるシーンセレクションがある。

1 撮影モードを切り換える

ZV-E10の撮影モードはMENUボタンから設定する。頻繁に撮影モードを切り換える場合には、[カスタムキー]（→P.120）で任意のボタンに[撮影モード]を割り当てておくと、ボタンを押すだけで撮影モードの設定画面が開くので便利だ。

■撮影モードの設定方法

静止画/動画/S&Q切換ボタンを押す❶。

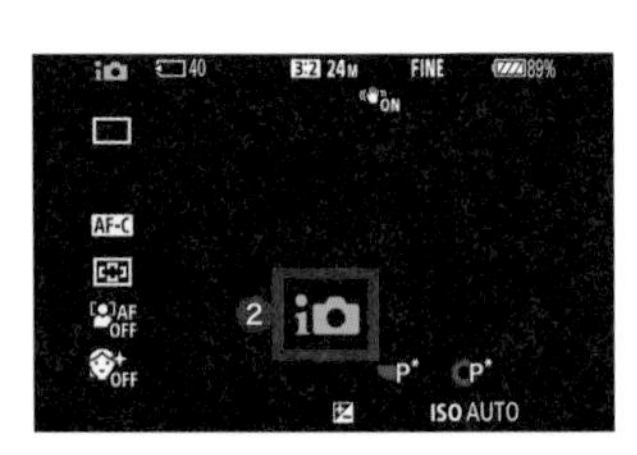

静止画、動画、S&Qのどれかを開く。ここでは静止画に設定した❷。

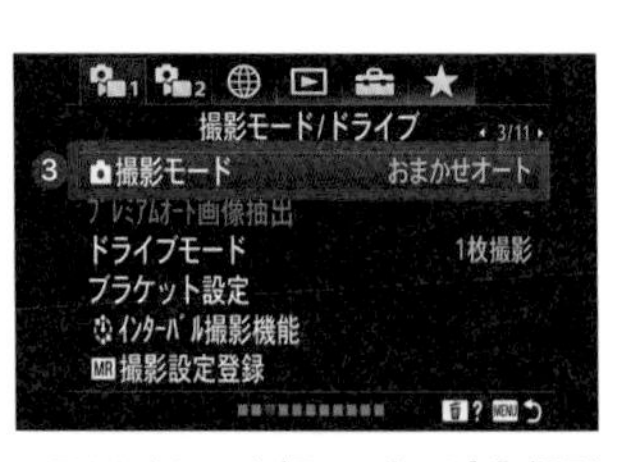

MENUボタンを押し、3[撮影モード]❸を選択する。

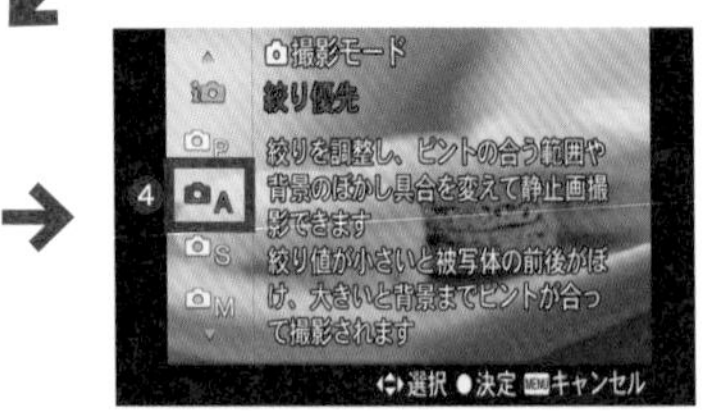

希望の撮影モードを選択して❹、中央ボタンを押す。

2 各撮影モードの特徴

静止画ではすべての撮影モードが選べるが、動画、S&Qでは一部のモードが使用できない。

おまかせオート	カメラが自動的に撮影状況を判断し、適切な露出に設定する。S&Qでは使用できない。静止画では、[おまかせオート] と [プレミアムおまかせオート] の2種類から選ぶことができる。
プログラムオート	シャッタースピードと絞り値をカメラが自動で設定する。ISO感度や露出補正など、ほかの設定は自分で調整する。露出をカメラまかせにできるので、シャッターチャンスを逃したくないときに有効な撮影モード。
絞り優先	絞り値を撮影者が設定し、シャッタースピードをカメラが自動で設定する。ボケ感のコントロールをしたいときに有効な撮影モード。
シャッタースピード優先	シャッタースピードを撮影者が設定し、絞り値をカメラが自動で設定する。躍動感を活かした撮影をしたいときに有効な撮影モード。
マニュアル露出	絞り値とシャッタースピードを撮影者が設定する。すべてを自分で設定するため、撮影に慣れている上級者向けの撮影モード。
撮影設定呼び出し	あらかじめよく使う撮影モードや設定を登録しておくと、呼び出して撮影できる。
スイングパノラマ	カメラを左右、または上下に動かしてパノラマサイズの画像を撮影する。動画、S&Qでは使用できない。
シーンセレクション	ポートレート、スポーツ、マクロなど、撮りたい被写体や撮影シーンを選ぶと、被写体に適した設定で撮影できる。動画、S&Qでは使用できない。

まとめ

- 動画ではスイングパノラマとシーンセレクションは設定できない
- S&Qではおまかせオート、スイングパノラマ、シーンセレクションが設定できない

Section 04

プログラムオート（P）で撮影しよう

Keyword　Pモード、プログラムシフト

プログラムオート（Pモード）では、絞りとシャッタースピードはカメラが調節し、撮影者はそれ以外のISO感度や露出補正、ホワイトバランスなどを設定できる。

1 Pモードでスナップを撮ろう

Pモードはカメラが露出を調整してくれるため、シャッターチャンスに注力して撮影できる。ISO感度をAUTO設定にすれば、写真の明るさをすべてカメラが自動で調整してくれる。一瞬を切り取るスナップの撮影時には、Pモードが特に活躍する。

画像DATA
モード▶プログラム（P）
絞り▶F4.5
シャッター▶1/80秒
ISO▶100　露出補正▶+0.7
ホワイトバランス▶オート
レンズ▶E PZ 16-50mm F3.5-5.6 OSS
焦点距離▶26mm

子どもと遊ぶようなシーンでも、Pモードならカメラが露出を即座に決めてくれるのでシャッターチャンスを逃さずすばやく撮ることができる。

■設定方法

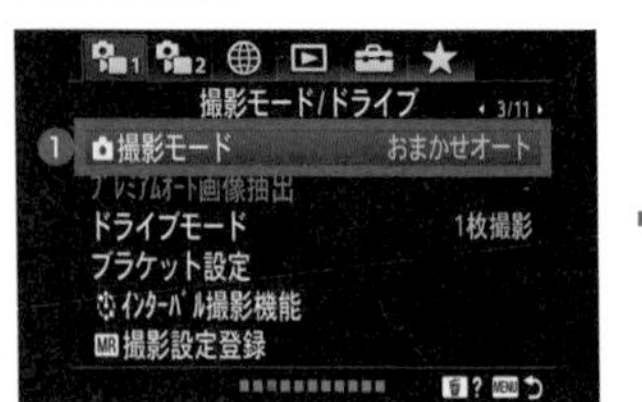

MENUボタンを押し、撮影1 3［撮影モード］❶を選択する。

→

Pモードを選択して❷、中央ボタンを押す。

2 プログラムシフトを使ってみよう

フラッシュを使用していないとき、**カメラが自動で設定する絞り値とシャッタースピードの組み合わせを適正露出を維持したまま変更できる機能をプログラムシフト**という。この組み合わせによって写真の表現を大きく変えることもできる。

絞り値をF13で撮影。被写界深度は深く、奥までピントが合っていて、説明的な画像になった。

プログラムシフトを使い、絞り値をF5.6に変えたことで、被写界深度が浅くなり奥をぼかすことができた。同じ露出なので、画像の明るさは変わっていない。

■設定方法

Pモード使用時、コントロールダイヤルを回すと、カメラが設定した適正露出のまま絞り値とシャッタースピードの組み合わせを変更できる❶。

コントロールダイヤルを回すたびに組み合わせが変わる❷。

プログラムシフトを使うと、表示は「📷P」から「📷P*」に変わる。撮影モードを変更するか電源を切れば、プログラムシフトを解除することができる。

まとめ

- スナップなど撮影に集中したいときにはPモードを活用する
- プログラムシフトを使えば、適正露出を維持したまますばやく絞り値とシャッタースピードの組み合わせを変更できる

Section 05

絞り優先(A)で撮影しよう

Keyword Aモード、絞り値、ボケ、パンフォーカス

絞り優先（Aモード）では、撮影者が絞り値を決めれば、適正な露出に合わせてカメラが自動でシャッタースピードを設定する。ボケの表現など、撮影者の理想通りの表現がしやすいモードだ。

1 Aモードでピントの範囲を調整しよう

Aモードでは、撮影者が**絞り値**を決定する。絞り値を変えれば被写界深度が変わるため、**ピントの範囲を調整したい**ときに活用しよう。撮影者が設定した絞り値に合わせてカメラがシャッタースピードを調整するが、絞り値が大きいときや暗所での撮影では、シャッタースピードが遅くなりすぎたり、写真がブレてしまったりすることがある。その場合は、ISO感度を高くするかAUTOに設定しよう。

■設定方法

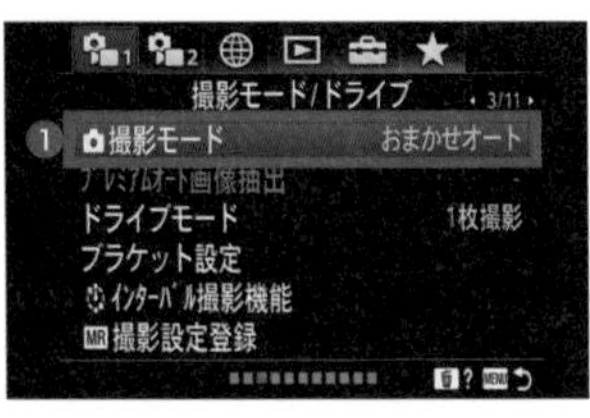

MENUボタンを押し、3[撮影モード] ❶を選択する。

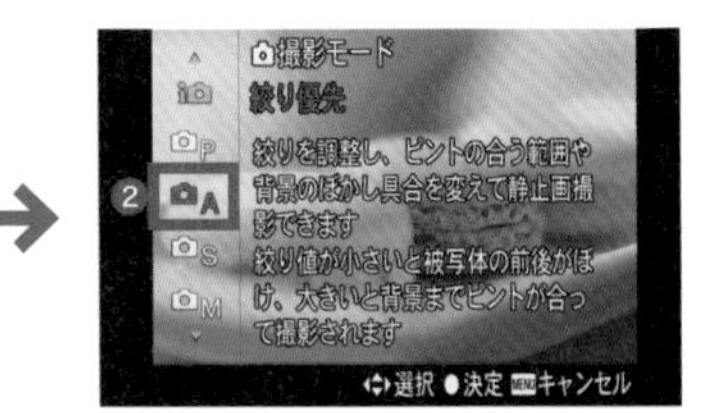

Aモードを選択して❷、中央ボタンを押す。

コントロールダイヤル❸かコントロールホイール❹を回して絞り値を変更する。

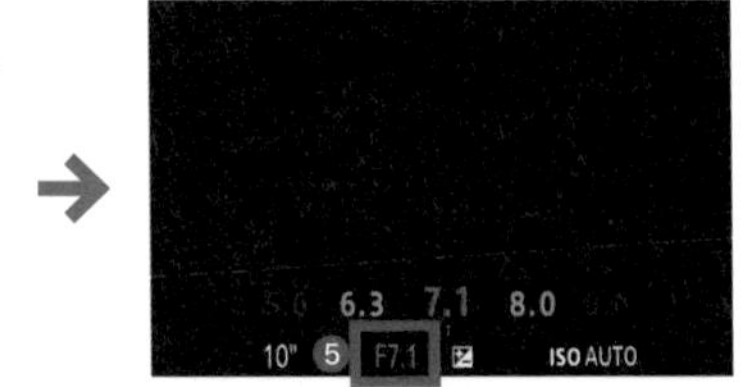

設定した絞り値がモニター下部に表示される❺。

2 主役が引き立つボケ

絞りを開くことで、被写界深度は浅くなる。絞りを最大限開いた値を**開放絞り値**といい、この数値はレンズによって変わる。ズームレンズよりも単焦点レンズの方が開放絞り値が小さいことが多いので、一般的に**ボケを活かした撮影では、単焦点レンズを使うこと**が多い。

画像DATA
モード▶絞り優先（A）
絞り▶F1.8
シャッター▶1/640秒
ISO▶100　露出補正▶+0.7
ホワイトバランス▶オート
レンズ▶E 50mm F1.8 OSS
焦点距離▶50mm

背景をボカすことで主役を引き立たせることができる。絞り値を小さくして撮影しよう。

3 鮮明な撮影にはパンフォーカスを

絞りを絞ることで、被写界深度は深くなる。また、広角レンズを使い被写体との距離を遠くすることでも被写界深度は深くなる。このようにして**画角内の全体にピントが合った状態をパンフォーカス**といい、風景など、画面のすみずみまで鮮明に写したい場合に使われる。

画像DATA
モード▶絞り優先（A）
絞り▶F8
シャッター▶1/320秒
ISO▶100　露出補正▶-0.3
ホワイトバランス▶太陽光
レンズ▶E PZ 10-20mm F4 G
焦点距離▶10mm

風景をパンフォーカスで撮影することでくっきりと鮮明な写真になる。絞り値を設定できるAモードだからできる表現だ。

まとめ
- ボケを活かして撮影するには、絞り値を小さくする
- パンフォーカスの写真を撮るには、絞り値を大きくする

Section 06

シャッタースピード優先(S)で撮影しよう

Keyword Sモード、高速シャッター、低速シャッター、三脚

シャッタースピード優先(Sモード)は、撮影者が設定したシャッタースピードに合わせて、カメラが自動で絞り値を調整する。動きを表現するのに最適なモードだ。

1 Sモードで動きを優先

Sモードでは、撮影者がシャッタースピードを決定する。そのため一瞬の動きや光の軌跡など、人間の目には見えない世界を描写することができる。また、**シャッタースピードは画像の明るさを決める大事な要素**なので、極端な数値にすると絞りだけでは適正露出に調整できず、写真が真っ白になったり真っ黒になったりすることがある。そのときはISO感度を変更するか、AUTOにして対応しよう。

■設定方法

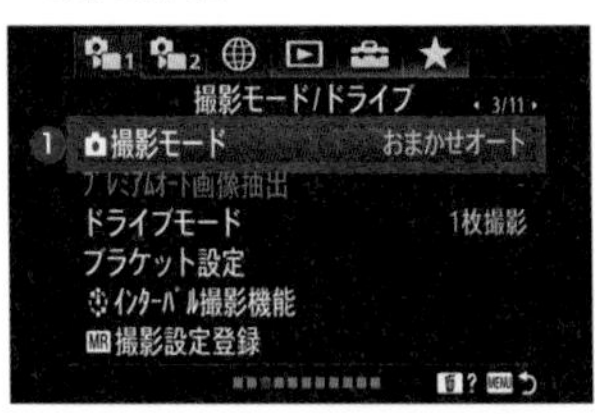

MENUボタンを押し、3[撮影モード]❶を選択する。

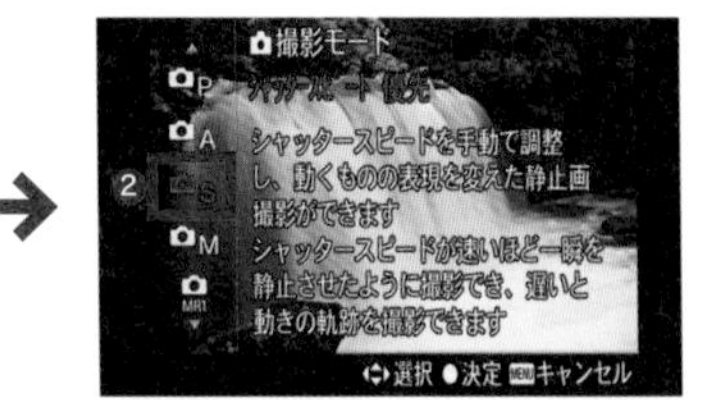

Sモードを選択して❷、中央ボタンを押す。

コントロールダイヤル❸かコントロールホイール❹を回してシャッタースピードを変更する。

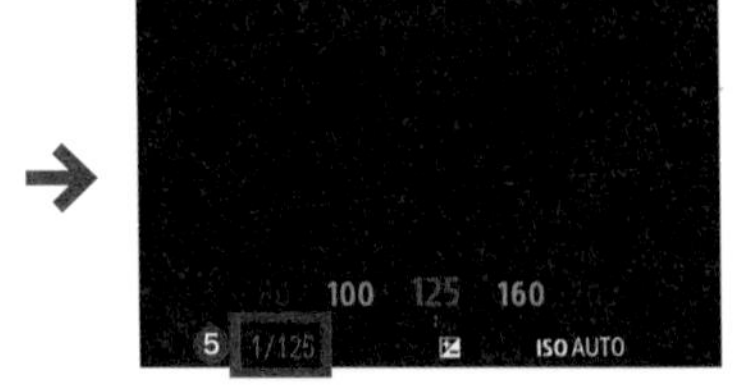

設定したシャッタースピードがモニター下部に表示される❺。

2 瞬間を切り取る高速シャッター

ZV-E10では、シャッタースピードを**最速1/4000秒**まで設定できる。しかし、極端なシャッタースピードは露出を圧迫してしまうため、適した数値を設定しよう。例えば**子どもが遊んでいる写真は、1/500秒で撮影すればブレることはない**。ただし、被写体に近い場所での撮影や、望遠レンズで拡大した撮影ではブレやすくなるので気をつけよう。

画像DATA
モード▶シャッタースピード優先（S）
絞り▶F5.6
シャッター▶1/4000秒
ISO▶125　露出補正▶+1.0
ホワイトバランス▶太陽光
レンズ▶E 55-210mm F4.5-6.3 OSS
焦点距離▶129mm

波しぶきを高速シャッターで撮影した。シャッタースピードが速いのでブレがない写真となる。

3 軌跡を表現する低速シャッター

Sモードでは、シャッタースピードを30秒まで遅くすることができ、**遅いシャッタースピードで撮影すれば被写体の動きの軌跡（被写体ブレ）を表現することができる**。しかし、撮影者やカメラが動いてしまうと手ブレの原因になるため、三脚などを使いカメラを固定して撮るのがおすすめだ。

画像DATA
モード▶シャッタースピード優先（S）
絞り▶F9
シャッター▶1/30秒
ISO▶100　露出補正▶-1.3
ホワイトバランス▶太陽光
レンズ▶E PZ 10-20mm F4 G
焦点距離▶10mm

走りすぎる電車を撮影。シャッタースピードが遅くても、カメラを固定することで背景はブレることなく被写体ブレを表現できる。

まとめ
- 子どもが遊んでいるシーンは1/500秒の高速シャッターで撮影
- 低速シャッターではカメラを固定し手ブレを防ぐ

Section 07 マニュアル露出(M)で撮影しよう

Keyword Mモード、バルブ

マニュアル露出(Mモード)では、撮影者が絞りとシャッタースピードを操作できるため、自分で露出を決められる。すべてを撮影者が設定するため慣れが必要だが、表現の幅は広がる。

1 すべて自分で設定するMモード

Mモードで撮影すれば、写真表現に大きく関わる絞り値とシャッタースピードの両方を操作できる。ISO感度を使って露出を決め、思い通りの明るさで撮影しよう。ISO感度をAUTOにした場合、撮影者が設定した絞り値とシャッタースピードに合わせてカメラがISO感度を決めてくれる。ISO感度を固定値にした場合、MM(メータードマニュアル)で露出値を確認しながら、絞り値とシャッタースピードを決めて撮影しよう。

■設定方法

MENUボタンを押し、3[撮影モード]❶を選択する。

Mモードを選択して❷、中央ボタンを押す。

コントロールダイヤル❸で絞り値を、コントロールホイール❹でシャッタースピードを変更する。

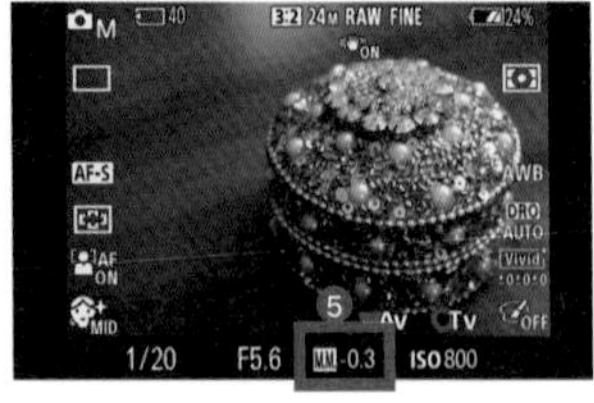

ISO感度を固定した場合は、MM(メータードマニュアル)❺を参考に、絞り値とシャッタースピードを決める。

2 明るさをコントロールするコツ

Mモードでの撮影は、自分で露出を決めるため難しく思われがちだが、AモードやSモードと操作に大きな違いはない。絞り値とシャッタースピードのうち、自分が優先したい方を決めたら、後は写真の明るさを調節するために操作する。ISO感度で明るさを調整すれば、好みの絞り値とシャッタースピードにできる。

画像DATA
モード▶絞り優先　絞り▶F8.0
シャッター▶1/250秒
ISO▶160（ISO AUTO）
露出補正▶-1.0
ホワイトバランス▶太陽光
レンズ▶E PZ 16-50 mm F3.5-5.6 OSS
焦点距離▶50mm

揺れる船の上からの景色。風景なので絞りを絞りたい、ブレを防ぐためにシャッターを速くしたいときに、絞りとシャッターを自分で決めて、ISO感度はAUTOで撮る。露出補正も適用できる。

3 バルブ撮影で幻想的な景色を撮影する

Mモードでは撮影者がシャッターを開閉する長さを決めることができるため、**30秒以上のシャッタースピードで幻想的な景色や光跡を表現できる**。これを**バルブ撮影**（→P.138）という。長時間の露光撮影では、ノイズを軽減する長秒時NRが便利だ。

画像DATA
モード▶マニュアル露出（M）
絞り▶F16
シャッター▶バルブ　60秒
ISO▶100　露出補正▶0
ホワイトバランス▶オート
レンズ▶E PZ 16-50 mm F3.5-5.6 OSS
焦点距離▶22mm
その他▶ND64フィルター使用

暗い夜景を撮るときは、30秒以上のシャッタースピードで撮れるバルブ撮影がおすすめだ。

まとめ
- Mモードでは、撮影者が絞り値とシャッタースピードを決定する
- バルブ撮影では長秒時NRでノイズを軽減する

Section 08

露出補正で明るさを調整しよう

Keyword 露出補正、プラス補正、マイナス補正

P/A/Sの撮影モードでは、露出が適正になるようにカメラが画像の明るさを自動で決める。さらに、撮影者が露出補正を行うことで、画像の明るさを変え、意図する露出で撮ることができる。

1 イメージに合わせた明るさにする

カメラが決めた標準露出がイメージに合わない場合は、**露出補正**を行って写真の明るさを変えよう。写真を明るくするときはプラス補正、暗くするときはマイナス補正をする。ただし、露出補正を行うことでシャッタースピードが変わる場合がある。例えばAモードでISO感度が固定の場合、プラス補正にするとシャッタースピードが自動で遅くなり手ブレの原因になる。ISO感度を上げるかAUTOにして対応しよう。

半逆光と白いクッションによりカメラが自動で決めた露出では、暗い印象の写真になってしまった。

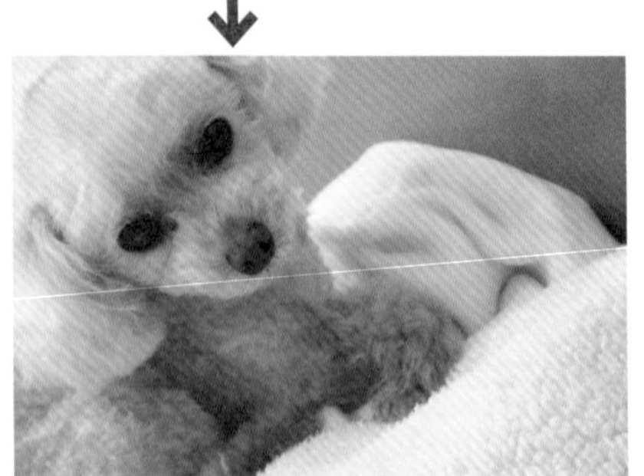

露出補正＋1にして撮影することで明るくなり、ペットのやわらかい毛質を感じられるようになった。

■露出補正の設定方法

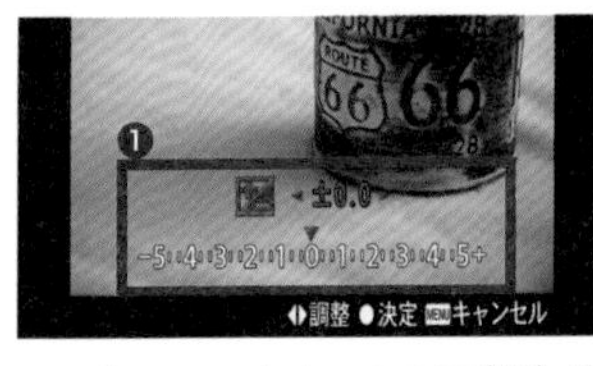

コントロールホイールの▼（露出補正）ボタンを押すと、露出補正の画面が表示される❶。

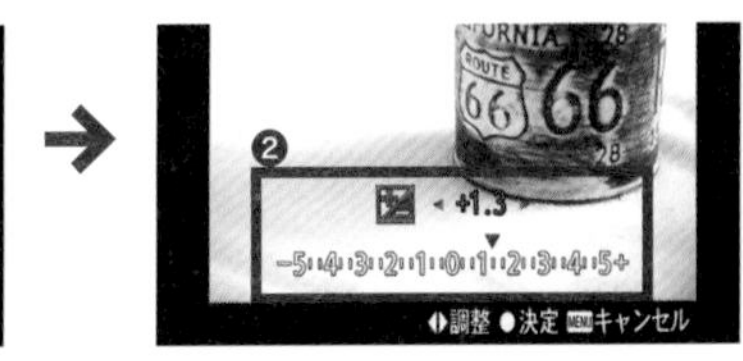

コントロールホイールを回して任意の補正値を選択し❷、中央ボタンを押す。

2 露出補正を使い分ける

カメラは白とびや黒つぶれを起こさないために、白いものは暗く、黒いものは明るく写そうと自動で露出を決める。そのため標準露出では撮影者のイメージより写真が明るかったり暗かったりすることがある。その場合は露出補正を行って、自分のイメージ通りの明るさにしよう。

プラス補正でハイキーに

→

水しぶきや雪の入るシーンは暗く写りがちだ。+1の露出補正でイメージ通りの明るさにすることができた。

マイナス補正でローキーに

→

重厚感を表現するには、露出補正-2にして写真を暗くすることで、より落ち着いた写真となる。

まとめ

- P/A/Sの撮影モードではカメラが自動で明るさを決めるため、イメージ通りの明るさにならないときは露出補正を行う
- 明るくするにはプラス補正、暗くするにはマイナス補正をする

Section 09

ISO感度を理解しよう

Keyword ISO感度、ISO AUTO、高感度

ISO感度とはイメージセンサーが光を感じる度合いを示す値で、画像の明るさを決定する要素の1つだ。設定できるISO感度の範囲は50～51200で、数値が大きくなるほど光を感じやすくなり、少ない光量でも撮影できるようになる。

1 ISO感度の目安

露出は絞り値とシャッタースピードの組み合わせで決まるが、その上でISO感度を適切に設定しておくことが重要だ。ISO感度が高いと少ない光量でも明るく写り、高速シャッターでも手ブレしにくくなる。ただしISO感度が上がるとノイズが出ることがあるので、必要以上に感度を上げすぎないようにしよう。ISO感度の数値は手動で設定できるほか、カメラが明るさに合わせて適切な感度を設定するISO AUTOや、高感度で撮影した際にノイズを軽減してくれる高感度NRなども利用できる。

■ISO感度別おすすめ撮影シーン

ISO100 ～ 400

晴天時の屋外撮影や、動かない被写体の撮影に向いている。暗い場所での撮影の場合は手持ちだと手ブレするので、三脚を使うとよい。

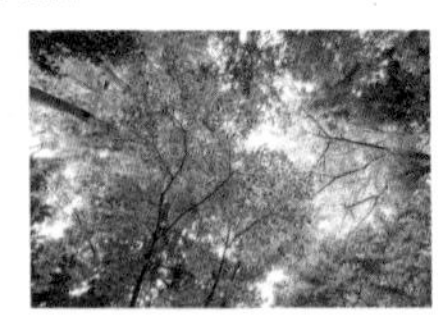

ISO400 ～ 1600

光の少ない屋内や、曇天などの薄暗いシーンに向いている。動きのある被写体を撮影する際にシャッタースピードを確保したい場合にも最適。

ISO1600 ～ 51200

暗い場所や手持ちでの夜景撮影、動きの速い被写体の撮影に向いている。ただし、感度が上がるほど画像が粗くなる。

■ISO感度の設定方法

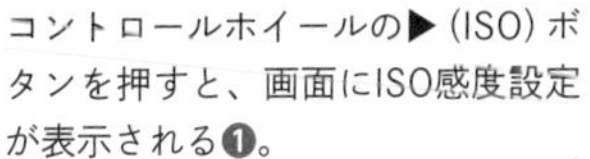
コントロールホイールの▶（ISO）ボタンを押すと、画面にISO感度設定が表示される❶。

コントロールホイールの▲/▼で好みのISO感度を選択し❷、中央ボタンを押す。

2 ISO感度を上げて手ブレを抑える

絞り値とシャッタースピードの設定は、露出だけでなく写真の表現にも大きく影響する。手ブレしやすい望遠レンズでの撮影など、シャッタースピードを速くして、かつ絞り値も絞って被写界深度を確保したい場合、写真の明るさはISO感度にまかせることによって、適正露出の確保と表現の両立ができる。

絞り値はレンズ開放絞り値のF4、手ブレしないようにシャッタースピードは1/125秒、ISO感度200で撮影したところイメージよりも暗くなってしまった。

絞り値は開放でこれ以上開かず、手ブレの心配があるのでシャッタースピードを遅くするのも避けたいため、ISO感度を400に上げることでイメージ通りの明るさにできた。

まとめ
- ISO感度を上げることで明るい画像になるが、画像が粗くなる可能性がある
- ISO感度は手動設定のほか、ISO AUTOを選択できる

Section 10 測光モードを使い分けよう

Keyword 測光モード、マルチ、中央重点、スポット、画面全体平均、ハイライト重点

カメラが自動で露出を決める場合、カメラはレンズから入ってくる光の量を測ることで露出を決める。測光モードは5種類あり、測光モードを変更することで光の量を測る部分を変えることができる。

1 5種類の測光モード

測光モードはマルチ、中央重点、スポット、画面全体平均、ハイライト重点の5種類だ。マルチでは画角全体を分割して測光し、最適な露出にするので、画角全体のバランスがよい露出となる。構図を変えると明るさも変わるので、逆光や白とびしやすいシーンなど、撮影シーンに合わせて測光モードを使い分けることでスムーズな撮影ができる。

■測光モードの種類

マルチ	画角全体を分割して各エリアごとに測光し、画角全体の最適な露出にする。
中央重点	画角の中央部に重点をおきながら、全体の明るさを測光する。
スポット	画角の中央部のみを測光する。
画面全体平均	画面全体を平均的に測光するので、被写体が多少動いても露出が変化しにくい。
ハイライト重点	画面内の明るい部分を重点的に測光する。白とびを抑えて撮影したいときに向いている。

■設定方法

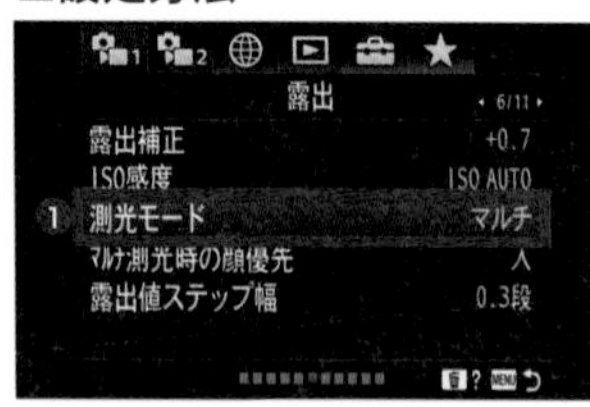

MENUボタンを押し、6の［測光モード］を選択し❶、中央ボタンを押す。

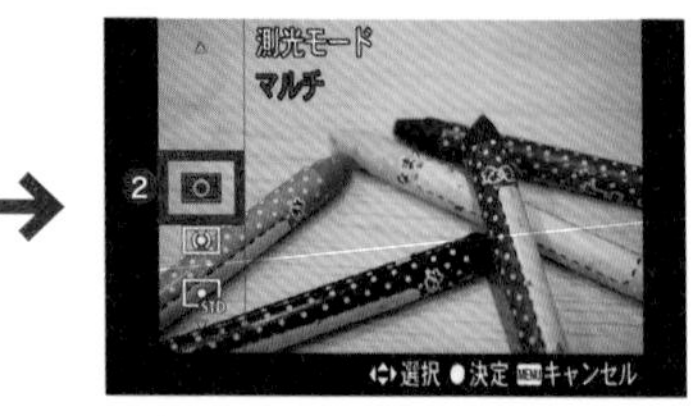

▲/▼で好みの測光モード選択し❷、中央ボタンを押す。ファンクションメニューからも変更可能。

2 真ん中に被写体があるときは中央重点

中央重点では、画角の中央に重点をおきながら全体の明るさを測光する。中央にメインの被写体を配置することで、被写体の明るさに合わせつつ周辺の明るさも考慮して露出を決める。マルチでは全体、スポットでは中央のみを測光するので、中間的な役割として使うとよい。

中央の被写体に合わせて測光する中央重点にすることで、マルチよりも被写体の明るい画像となった。お皿の明るさとのバランスもよい。

3 周辺の明るさに影響されないスポット

スポットでは、撮影時に画角の中央に表示される測光サークルの範囲だけをピンポイントで測光する。ほかの測光モードとは違い、中央以外の明るさに影響されないので、中央にある被写体と背景との明るさが極端に違うときでも、被写体に合わせた露出になる。逆光でうまく撮れないときなどにも有効だ。

マルチで撮影すると、全体が明るいため被写体が暗くなってしまった。スポットで中央部分だけを測光すると被写体に合わせた明るさで撮影することができた。

4 白とびを抑えられるハイライト重点

ハイライト重点は、画面の明るい部分をカメラが自動で測光する。白とびを防ぎたい場合に有効だが、ハイライト部分の明るさを基準にするため、ほかの部分は少し暗めになることを頭に入れておこう。

白とびした部分は撮影後にアプリを使用しても調整できないため、白い雲や雪などの撮影ではハイライト重点に設定するのがおすすめだ。

5 マルチ測光時の顔優先設定

［マルチ測光時の顔優先設定］を［入］に設定しておくと、逆光や薄暗い状況でも常に顔の明るさをキープする顔優先AEが働くので便利だ。ただし、［顔/瞳AF設定］の［AF時の顔/瞳優先］が［入］で、［検出対象］を［人物］に設定しておく必要がある。

建物の影に入ってうす暗くなってしまっても、顔の明るさをキープすることができる。

まとめ

- 測光がイメージ通りにいかないときは測光モードをマルチ以外に変えてみよう
- 被写体が中央にあるときは中央重点やスポットを活用する
- 明るさが変わりやすいシーンでの人物撮影は［マルチ測光時の顔優先設定］を使う

Chapter

4

動画撮影をマスターしよう

Section 01

動画撮影時のAF設定を知ろう

Keyword AF-C、AFトランジション速度、スポットフォーカス

動画撮影でもピント合わせの考え方は静止画撮影と変わらない。見る人の目線は、ピントが合っている方に自然と誘導される。主役の被写体にしっかりピントを合わせて撮影しよう。

1 動画撮影時のフォーカスモード

ピント合わせの考え方は静止画撮影と変わらないが、動画撮影では動く被写体を撮影することを基本としているため、選択できるフォーカスモードは［AF-C］か［MF］の2種類だけとなる。ピント合わせをカメラまかせにしたい場合は［AF-C］を選択する。

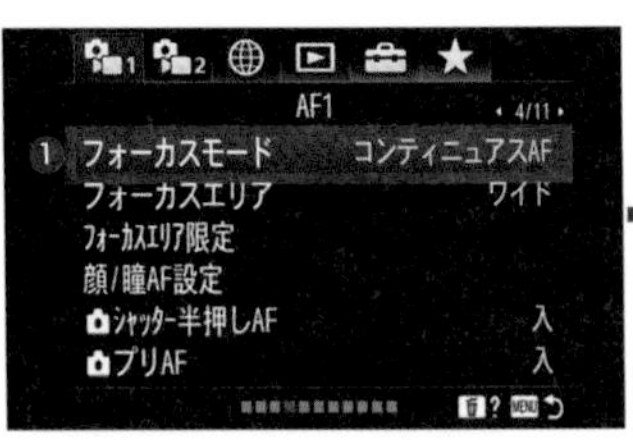

MENUボタンを押し、4の［フォーカスモード］を選択し❶、中央ボタンを押す。

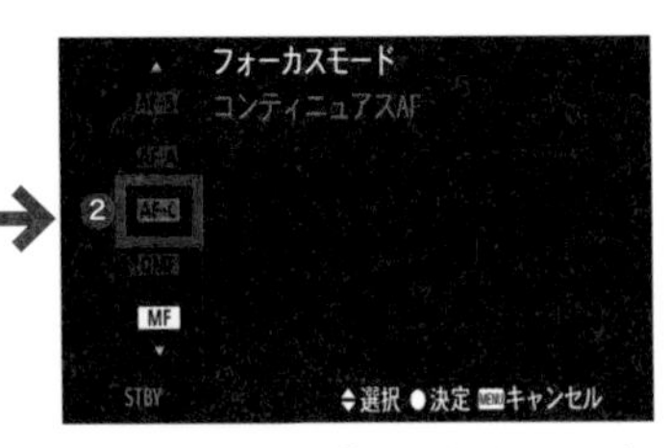

［AF-C］を選択し❷、中央ボタンを押す。

動画撮影時のフォーカスエリアは［ワイド］を使用するのがおすすめだ。動きの予測が難しい被写体でもフォーカスモードを［AF-C］に設定しておけば、かんたんにピントが合わせられる。

2 フォーカスが切り換わる速さを設定する

[▶■AFトランジション速度] では、動画撮影時、AFの対象が切り換わったときにフォーカス位置を移動させる速さを設定する。カフェで過ごす時間や赤ちゃんの撮影など、ゆったりした情感豊かな動画にしたい場合はAFトランジション速度を遅く、運動会や動物の撮影など、次々と入れ換わる被写体にすぐピントを合わせたい場合はAFトランジション速度を速くするのがおすすめだ。

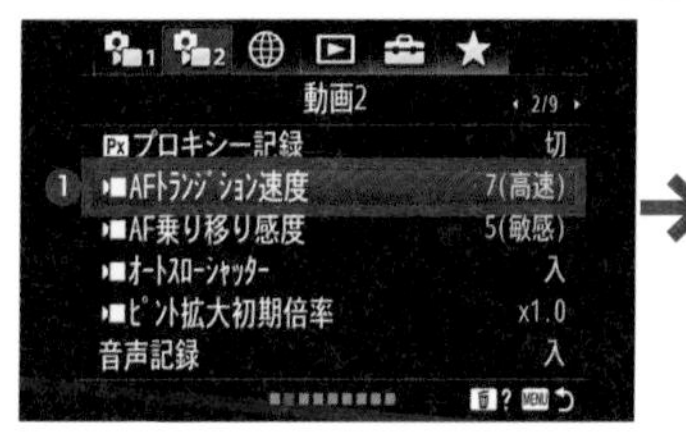

MENUボタンを押し、2の[▶■AFトランジション速度]を選択し❶、中央ボタンを押す。

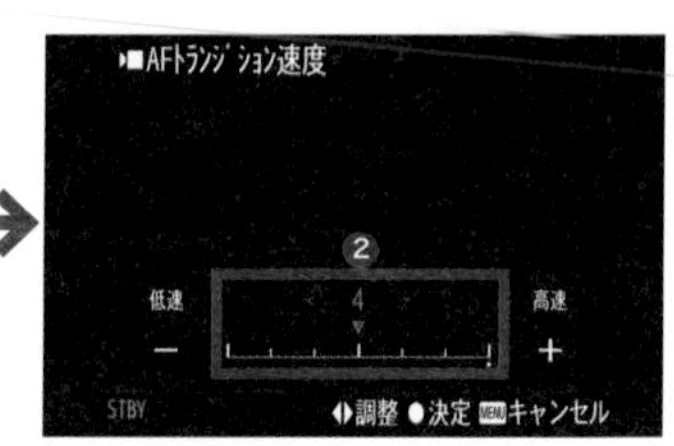

フォーカス切り換えの速さを遅くしたいときは低速に、速くしたいときは高速に設定し❷、中央ボタンを押す。

ONE POINT スポットフォーカスを使用する

動画撮影時には、ピントを合わせる位置をタッチで指定するスポットフォーカスという機能を使用することができる。スポットフォーカスは動画撮影時に[タッチ操作時の機能]で[タッチフォーカス]を設定している場合に使用可能だ。録画開始前や録画中、ピントを合わせたい被写体をタッチすると一時的にMFになり、フォーカスリングでピントを調整することができる。

動画撮影時に[タッチフォーカス]を設定していると、モニターにタッチして一時的にMFでピント合わせをすることができる。解除する場合は中央ボタンを押す。

まとめ

- 動画撮影時のAFはAF-Cのみ
- [AFトランジション速度] で、AFの対象が切り換わったときにフォーカス位置を移動させる速さを設定することができる

Section 02 動画撮影時の露出設定を知ろう

Keyword 露出、撮影モード、フレームレート、絞り、ISO感度

動画撮影でも、露出の設定によって映像の明るさは大きく変わる。明るすぎると白とびしてしまい、暗くなりすぎると見にくい映像になってしまう。露出によって動画を見る人の印象も変わるため、どのような動画にしたいのか明確にしてから露出を決めよう。

1 動画撮影での露出とは

露出とは、かんたんにいうとカメラに取り込む光の量のこと。シャッタースピード、絞り値、ISO感度の組み合わせによって決まる。露出をカメラまかせにできるおまかせオートやプログラム撮影も手軽でよいが、動画撮影では、まずフレームレートを基準にシャッタースピードを固定するのが基本なので、撮影モードはSやMを選ぶとよいだろう。

■動画撮影モードの設定方法

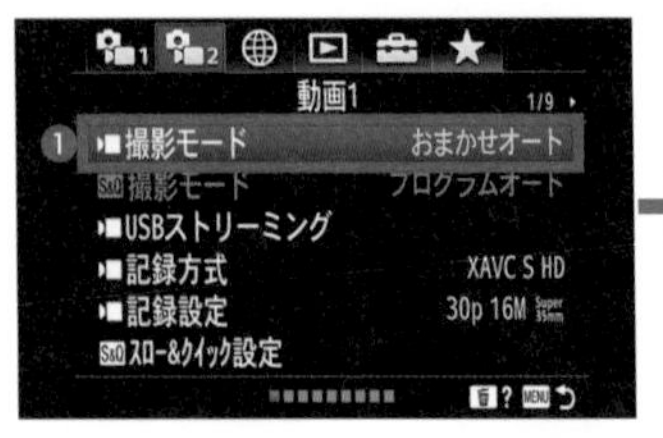

MENUボタンを押し、1の[撮影モード]を選択し❶、中央ボタンを押す。

任意の撮影モードを選択し❷、中央ボタンを押して決定する。

2 動画撮影における露出設定の基本

静止画撮影とは異なり、動画の場合、シャッタースピードの設定はフレームレートが基準となる。フレームレートは動画を構成する1秒間のコマ数のことで、フレームレートが高いと滑らかな動画になる。一般的なフレームレートは、映画では24P、テレビなどでは30P、スポーツなど動きの速いものでは60Pが目安となる。シャッタースピードはフレームレートを2倍にした数値を分母として設定すると滑らかな動画になるため、先に記録方式や記録設定（フレームレート）を設定し（→P.18）、後からシャッタースピードを設定するとよい。

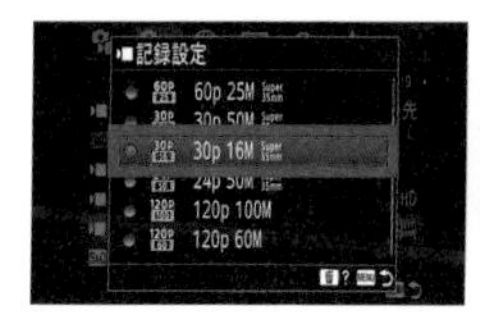

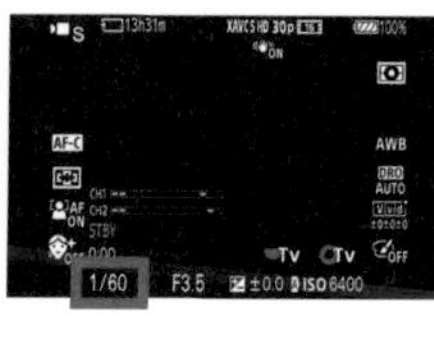

フレームレートが30Pのとき、シャッタースピードは1/60に設定する。

3 AEロックを設定する

AEロックとは、露出を固定する機能のことだ。逆光などのシーンで思うような明るさにならない場合は、露出を固定したい場所にピントを合わせてAEロックしておけば、撮影者が意図する明るさに固定して撮影することができる。AEロックは以下の方法でボタンに割り当てる。

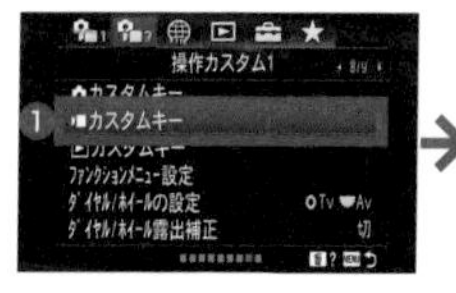

MENUボタンを押し、8の［カスタムキー］を選択し❶、中央ボタンを押す。

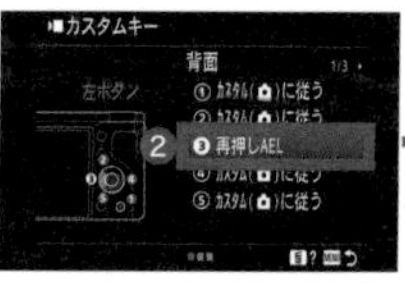

任意のボタンを選択し、［再押しAEL］を設定する❷。

露出を固定したい場所にピントを合わせ、［再押しAEL］を設定したボタンを押すと露出が固定され、が表示される❸。

まとめ

- 露出はカメラに取り込む光の量のことで、シャッタースピードと絞り値とISO感度で決まる
- 動画の場合、シャッタースピードの設定はフレームレートが基準となる

Section 03

滑らかなズームやピント操作を知ろう

Keyword ズームスピード、MF、ピーキング

雰囲気のよい動画を撮る際に気になるのがズームのスピードだ。ゆっくりと被写体にズームしていくと、見ている人の視線も被写体に誘導される。動きを追うことよりも雰囲気を重視するのであればズームのスピードを調整しよう。また、フォーカスモードをMFに設定すればピント合わせのスピードも自由に調整できる。大きくボカしたところからゆっくりピントを合わせるのも効果的な表現の1つだ。

1 ズームレバースピードを設定する

［ズームレバースピード］では動画撮影中のカメラのW/T（ズーム）レバーでのズームスピードを設定することができる。初期設定は3だが、遅くするとさらに滑らかなズームにすることができる。動きを追う際は逆に速くするとよいが、ズームする際のモーターの音が大きくなり、動画に記録されてしまうこともあるので注意が必要だ。

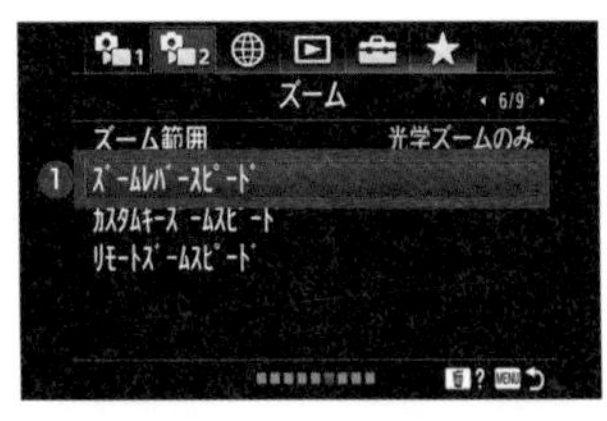

MENUボタンを押し、2 6の［ズームレバースピード］を選択し❶、中央ボタンを押す。

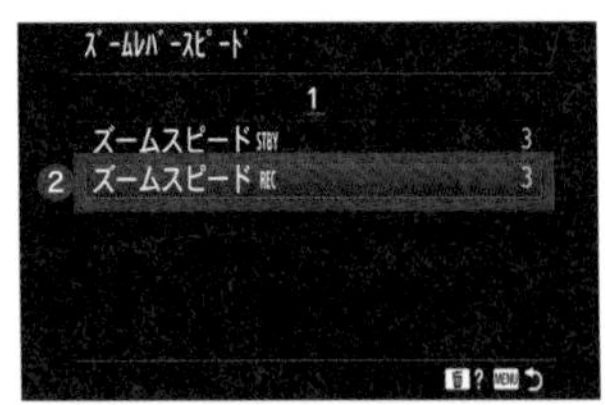

［ズームスピード REC］を選択し❷、中央ボタンを押す。

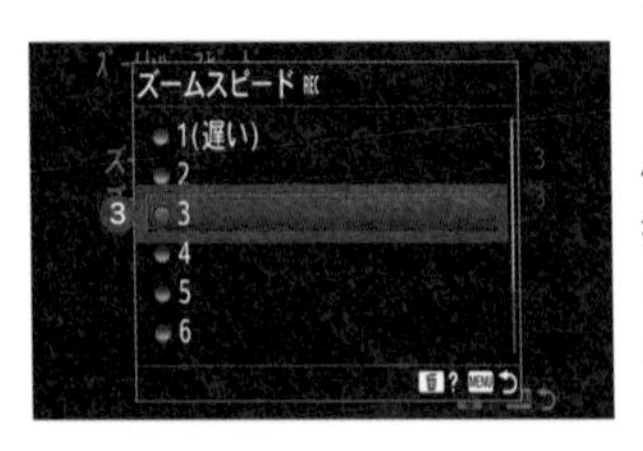

任意のスピードを選択する❸。数字が小さいほどゆっくりズームし、大きいほど速くズームする。

2 MFでピントを合わせる

手動でピントを合わせるにはフォーカスモードをMFにする必要がある。静止画撮影時はMFアシスト（→P.41）でピントを合わせる際に拡大する機能があったが、動画撮影時はフォーカスリングを動かしても拡大されない。動画撮影時にMFに設定する場合は、ピーキング設定をしておくとピント合わせの指標となる。

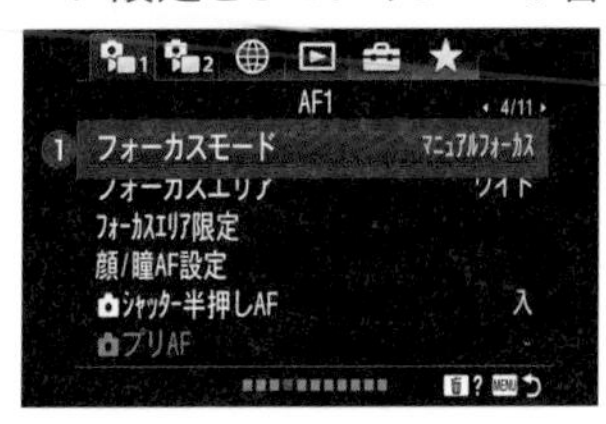

MENUボタンを押し、4の［フォーカスモード］で［MF］を選択し❶、中央ボタンを押す。

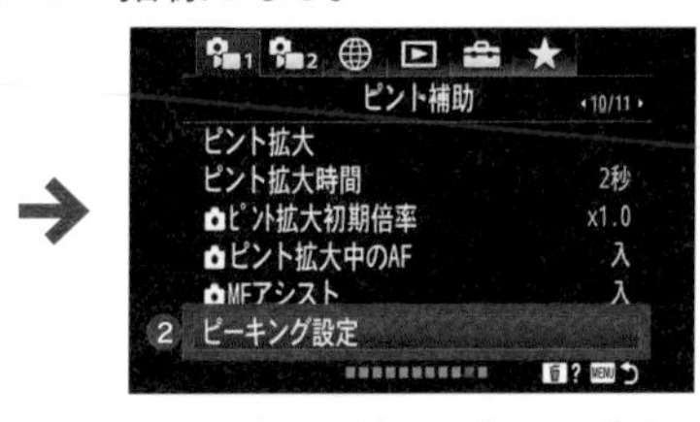

MENUボタンを押し、10の［ピーキング設定］を選択し❷、中央ボタンを押す。

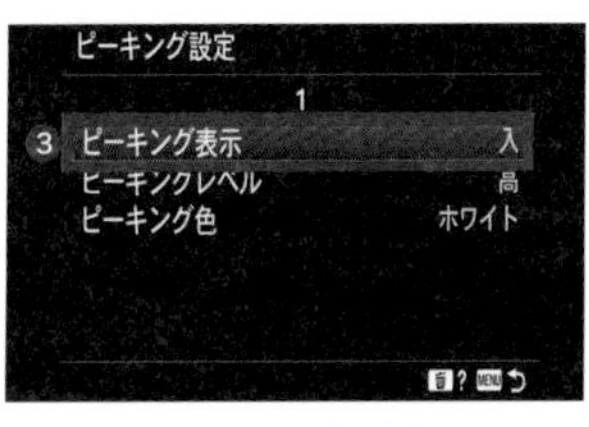

［ピーキング表示］で［入］❸を選択する。［ピーキングレベル］でピントが合った部分の輪郭を強調するレベルを、［ピーキング色］で輪郭を強調する色を選択することもできる。

フォーカスリングを動かすと、ピントが合った部分はピーキングで強調表示されるようになった。

ONE POINT　ボタン1つでAFとMFを切り換える

P.120で紹介したカスタムキーを使用すると、ボタン１つでAFとMFを切り換えられるようになる。8の［カスタムキー］を選択し、任意のボタンに［再押しAF/MFコントロール］を設定すると、ボタンを押すたびにAFとMFを切り換えられるようになる。

まとめ

- 滑らかにズームするにはズームスピードを調整する
- 動画撮影でMFに設定した際はピーキングを利用してピント合わせの指標にするとよい

Section 04

背景のボケ切換でボケをコントロールしよう

Keyword シャッタースピード、ISO感度、Mモード、露出、AUTO

動画や静止画でも、撮影中に、カメラ本体に設定してある［背景のボケ切換］ボタンを押すと背景がボケる。その後はボタンを押すたびに、くっきりとボケ描写をかんたんに切り換えることができる。ボケ描写の効果をさらに大きくしたいときは、開放絞り値が小さいレンズを使うとよい。シャッタースピードやISO感度をマニュアルで設定したときに、設定数値と撮影場所の明るさによっては、露出がオーバーしたりアンダーになることがあるので、できるだけAUTO設定で使おう。

1 背景のボケ切換を設定する

ピントの合う範囲は絞りによって決まる。［背景のボケ切換］では、一度ボタンを押すと［背景のボケ切換］モードになり、背景がボケる。ボタンを押すたびに［ぼけ］、［くっきり］と背景のボケ感が切り換わる。街並みや風景などを撮影している場合は［くっきり］で撮影し、人物や印象的な被写体を撮影する場合は［ぼけ］に設定するのがおすすめだ。

■背景のボケ切換の設定方法

（背景のボケ切換）ボタンを押す❶。

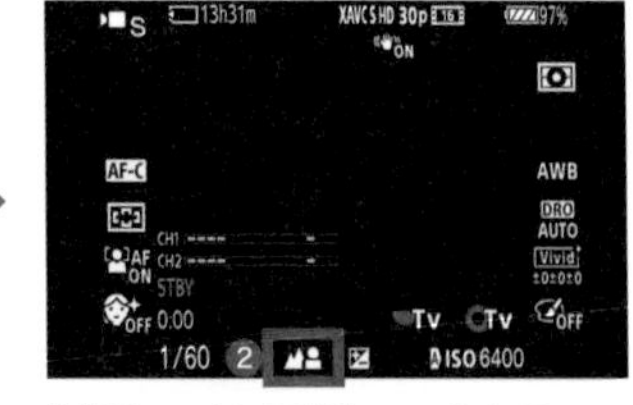

［背景のボケ切換］モード中はモニターの下部に設定中のモードのアイコンが表示される❷。［ぼけ］の際はが、［くっきり］の際はが表示される。

2 撮影しながらボケを切り換える

公園通りで人物にピントを合わせながら背景のボケ具合を変化させた。[くっきり]のときは絞り値が大きくなり、背景の並木がはっきりと見える描写になり、[ぼけ]に切り換えると絞り値は小さくなり、背景がボケて人物が浮き立った映像が撮れた。

[ぼけ]で撮影

人物のみがくっきりして、背景がボケた。

画像DATA

モード▶プログラム　絞り▶F3.5
シャッター▶1/60秒
ISO▶100（ISO AUTO）
露出補正▶+0.7
ホワイトバランス▶太陽光
レンズ▶E PZ 16-50mm F3.5-5.6 OSS
焦点距離▶16mm

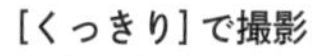

[くっきり]で撮影

人物も背景もはっきりと写っている。

画像DATA

モード▶プログラム　絞り▶F8.0
シャッター▶1/60秒
ISO▶500（ISO AUTO）
露出補正▶+0.7
ホワイトバランス▶太陽光
レンズ▶E PZ 16-50mm F3.5-5.6 OSS
焦点距離▶16mm

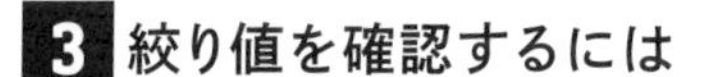

3 絞り値を確認するには

[背景のボケ切換] モード中は、ボケ感を切り換えてもモニター表示によっては絞り値は表示されない。絞り値を確認したい場合はグラフィック表示に切り換える必要がある。

（背景のボケ切換）ボタンを押して［背景のボケ切換］モードになると、アイコンが表示されるので絞り値が表示されない❶。

モニターの表示がグラフィック表示になるまで、モニターの▲(DISP) ボタンを押すと、グラフィック表示の下部で絞り値が確認できるようになる❷。

Section 05 商品レビュー用設定でピントを瞬時に切り換えよう

Keyword 商品レビュー用設定

自撮りしながら商品を紹介する動画撮影のときに、オートフォーカスで簡単にピント合わせができる機能が［商品レビュー用設定］だ。カメラが画面の中に商品（モノ）があると判断すると、顔から商品へピント位置が移動する。顔から商品へ、商品から顔へと滑らかな動きの動画撮影が楽しめる。

1 商品レビュー用設定をする

商品レビュー用設定とは、動画内で商品などを紹介する際にカメラの前に商品を差し出すとそちらに自動でピントを切り換えてくれる機能だ。従来のカメラではカメラがピントを合わせやすいように商品に手をかざして撮影していたが、ZV-E10では商品レビュー用設定をするだけでスムーズに商品にピントが合うようになる。

MENUボタンを押し、11の［商品レビュー用設定］を選択し❶、中央ボタンを押す。

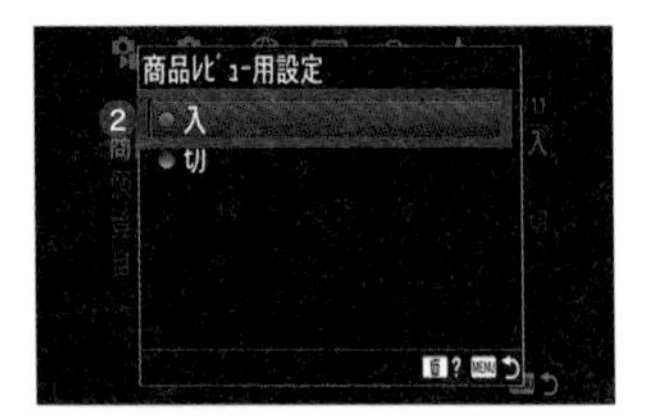

［入］を選択し、中央ボタンで決定する❷。

カメラを三脚などで固定し、モニターを撮影者側に向ける❸。

W/T(ズーム)レバーで撮影範囲を設定し❹、MOVIEボタンを押して❺撮影を開始する。

2 商品にピントを合わせる

人物にピントが合った状態で撮影を開始する。手に取った商品をカメラの前に差し出すとピントは自動で商品に合い、商品がなくなると再び人物にピントが戻る。動画録画中に[商品レビュー用設定]の切り換えはできないので、あらかじめ撮影シーンに合わせてON/OFFをしよう。

目にピントが合っている状態から、カメラに商品を向けると、ピントが商品に合った。

画像DATA
モード▶絞り優先　絞り▶F1.8　シャッター▶1/60秒
ISO▶400（ISO AUTO）　露出補正▶+0.3
ホワイトバランス▶太陽光
レンズ▶E 35mm F1.8 OSS　焦点距離▶35mm

Section 06

スロー&クイックモーション撮影を使いこなそう

Keyword スローモーション, クイックモーション

撮影時のフレームレートと再生時のフレームレートを変えることで、動きの速さを変えて見せる撮影方法だ。スローモーションはゆっくり再生することで、通常の動画撮影では捉えられない瞬間を見ることができる。反対にクイックモーションは長時間の現象を短縮して録画した早回しの映像だ。

1 スロー&クイックモーション撮影とは

スロー＆クイックモーション撮影では、フレームレートを大幅に変えることで、鳥の羽ばたきや風船の割れる瞬間などの肉眼では捉えられない一瞬を記録したり、開花の様子や刻々と変わる夕景などを撮影したりすることができる。動きのすばやい一瞬の物を撮影するにはクイック撮影を、長い時間をかけて変化する被写体はスローモーション撮影するとよい。

スロー＆クイックモーション撮影モードになるまで、静止画/動画/S&Q切換ボタンを押す❶。

MENUボタンを押し、2 1の［S&Q スロー＆クイック設定］を選択し❷、中央ボタンを押す。

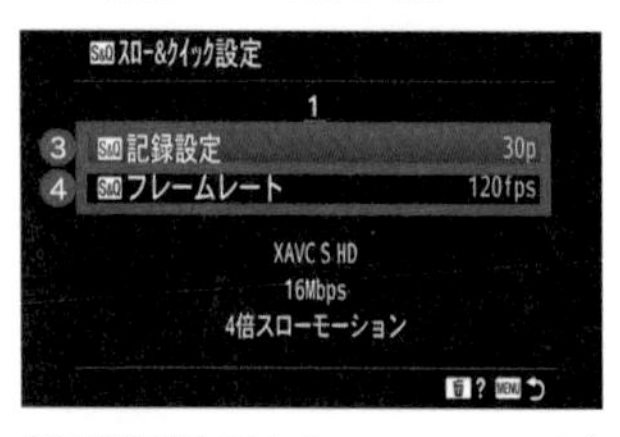

［記録設定］❸と［フレームレート］❹それぞれ任意の記録設定を選択し、中央ボタンを押す。

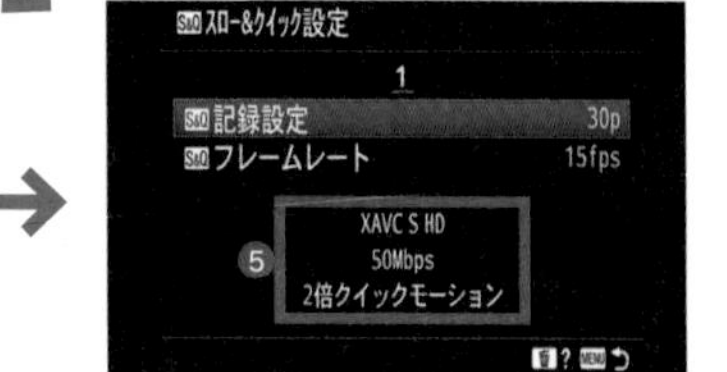

［記録設定］と［フレームレート］の組み合わせにより、スローモーション撮影かクイック撮影になる❺(→P.19)。

2 スロー&クイックモーションで撮影する

スクランブル交差点で通行人を、4倍速のスローモーションと15倍速のクイックモーションで撮影した。肉眼では見ることのできない街行く人たちの動きが捉えられた。最大で5倍スローから60倍クイックまで可能なので、様々な撮影シーンで活用してみよう。ちなみに、記録方式はXAVC S HD(1920x1080)となり、音声は記録されない。

画像DATA
モード▶マニュアル　絞り▶F8.0　シャッター▶1/125秒
ISO▶100（ISO AUTO）　露出補正▶0　ホワイトバランス▶太陽光
レンズ▶E PZ 16-50mm F3.5-5.6 OSS　焦点距離▶16mm

画像DATA
モード▶マニュアル　絞り▶F8.0　シャッター▶1/125秒
ISO▶100（ISO AUTO）　露出補正▶0　ホワイトバランス▶太陽光
レンズ▶E PZ 16-50mm F3.5-5.6 OSS　焦点距離▶16mm

Section 07 さまざまな動画表現に挑戦しよう

Keyword マニュアル、フェード、アクティブモード

動画撮影において、最終的に撮った動画を編集して作品をつくるときに、同じような撮り方で撮った映像だけをつなぎ合わせても変化が少なく、単調な作品になる。そこで、撮影手法の違う動画をインサートカットで差し込むとよい。基本の撮り方の「フィックス」「ズームイン」「ズームアウト」「パン」以外で、カメラ1つで撮れる方法を使って変化に富んだ作品づくりに役立てよう。

1 完全マニュアルでシネマ風撮影

小江戸感漂う蔵の街の景色をシネマ風に撮影した。[記録設定]を映画と同じ24コマ/秒になる[24P 100M]に設定して、発色や階調がフィルムタッチになるよう[ピクチャープロファイル]を[PP8]に設定した。三脚でカメラを固定、ピントもマニュアルで建物に合わせた。

画像DATA
モード▶マニュアル　絞り▶F6.3　シャッター▶1/60秒
ISO▶500　露出補正▶0　ホワイトバランス▶太陽光
レンズ▶E PZ 16-50mm F3.5-5.6 OSS　焦点距離▶16mm

2 シームレスな絞り操作によるフェード

絞りを使ってフェードアウトする動画を撮影。マニュアルモードでシャッタースピードとISO感度を固定。画面を白くフェードアウトするように、絞りを絞った状態からは開放絞りにした。逆に黒くしたいときは、絞り開放から絞りを絞ればよい。絞りの操作は背面のコントロールホイールでも可能だが、絞りリングがついたレンズを使う方がスムーズなコンロトールができる。

画像DATA
モード▶絞り優先
絞り▶F16～F1.4
シャッター▶1/125秒 ISO
▶100（ISO AUTO）
露出補正▶0
ホワイトバランス▶太陽光
レンズ▶E 15mm F1.4 G
焦点距離▶16mm

3 アクティブモードで手ブレを抑える

田園風景の道を歩きながら撮影した。動きながらの撮影は手ブレで映像が上下に揺れて見にくくなるので、電子式手ブレ補正機能「アクティブモード」でブレを抑えよう。手ブレ補正が［スタンダード］［切］のときと比べて画角が約1.44倍になる。また、焦点距離が200mm以上だと効果が得られなくなるので、超望遠撮影のときは、手ブレ補正を［スタンダード］にしよう。

画像DATA
モード▶絞り優先
絞り▶F9.0
シャッター▶1/250秒
ISO▶100（ISO AUTO）
露出補正▶-0.3
ホワイトバランス▶太陽光
レンズ▶E PZ 16-50mm F3.5-5.6 OSS
焦点距離▶16mm

4 ドリー撮影で迫力や動きのある動画を撮る

ドリー撮影とは、レールや車輪のついた三脚を使って動いて撮影する方法だが、ここでは手持ちで動いてドリー風に撮影した動画で紹介する。被写体に対して前後に動いて撮る手法を「ドリーイン／ドリーアウト」といい、ズームイン／アウトと似たように思われるが、ドリーでは焦点距離を固定して同じ画角で撮るので、臨場感の強い動画になる。また、水平に移動しながら撮ることを「ドリースライド」という。

■ドリーアウトで撮影

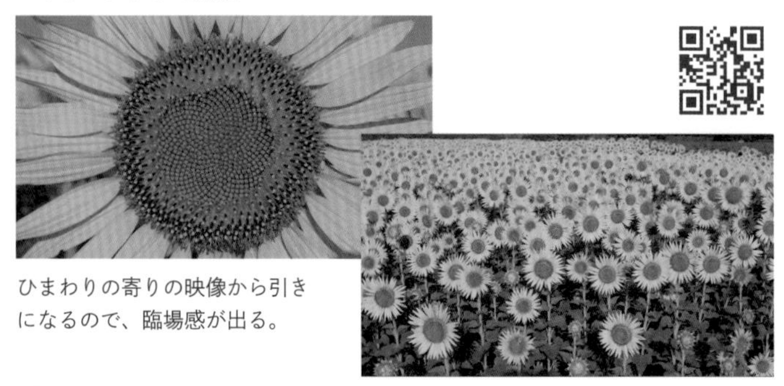

ひまわりの寄りの映像から引きになるので、臨場感が出る。

画像DATA
モード▶シャッタースピード優先　絞り▶F5.6　シャッター▶1/60秒 ISO▶100-160（ISO AUTO）　露出補正▶0　ホワイトバランス▶太陽光 レンズ▶E PZ 16-50mm F3.5-5.6 OSS　焦点距離▶16mm

■ドリースライドで撮影

カメラは固定した状態で横に流れるようなシーンが撮影できる。

画像DATA
モード▶絞り優先　絞り▶F11　シャッター▶1/160秒 ISO▶100（ISO AUTO）　露出補正▶-0.3　ホワイトバランス▶太陽光 レンズ▶E PZ 16-50mm F3.5-5.6 OSS　焦点距離▶16mm

Chapter 5

ZV-E10の便利な機能を使おう

Section 01 クリエイティブスタイルで好みの色調に仕上げよう

Keyword　クリエイティブスタイル、コントラスト、彩度、シャープネス

クリエイティブスタイルを利用すると、撮影者の意図に合わせてスタイルを選ぶだけで、写真を自分好みの色彩やイメージに表現することができる。色の濃淡や写真のメリハリなどにこだわりたいときにおすすめの機能だ。

1 クリエイティブスタイルとは

被写体やテーマ、撮影状況に合わせて、写真のメリハリ、色の濃淡、色の鮮やかさなどを変えることができる機能がクリエイティブスタイルだ。撮影する前に画面上で仕上がりを確認でき、**7種類の画像スタイル**から仕上がりを調節することができる。自分好みの写真に仕上げたいときにいろいろと試してみよう。被写体やシーンによって使い分けて撮影する必要があるが、人物撮影だからといって必ずしもポートレートに設定する必要はない。それぞれのスタイルの特徴を活かして使ってみよう。

■クリエイティブスタイルを設定する

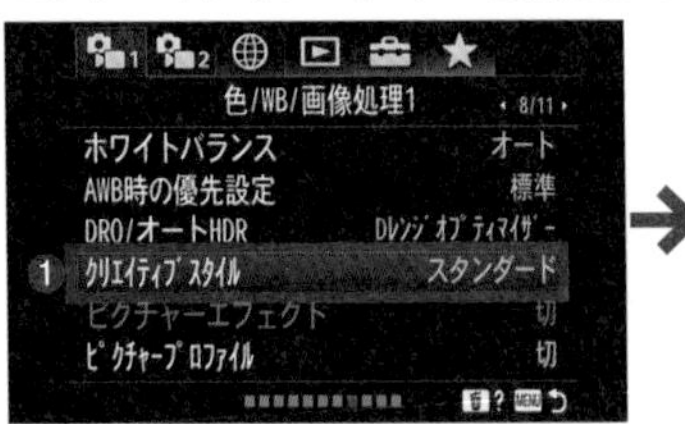

MENUボタンを押し、8の［クリエイティブスタイル］を選択し❶、中央ボタンを押す。

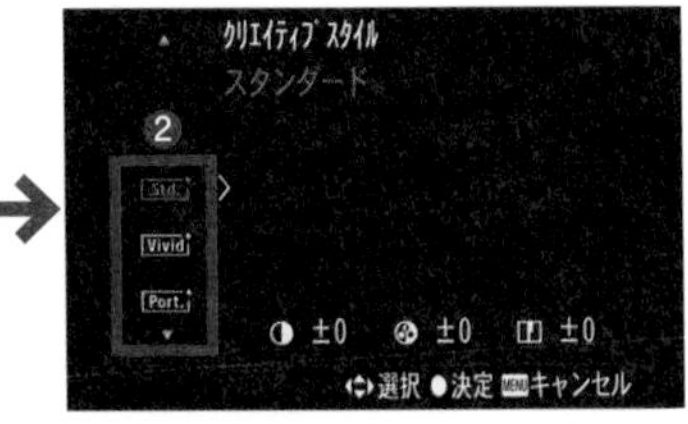

▲/▼で好みのクリエイティブスタイルを選択し❷、中央ボタンを押す。

2 クリエイティブスタイルの微調整を行う

クリエイティブスタイルの7種類それぞれに、コントラスト、彩度、シャープネスを±3の範囲内で微調整することができる。ただし、[白黒] [セピア] では、彩度の調節はできない。

■微調整の設定方法

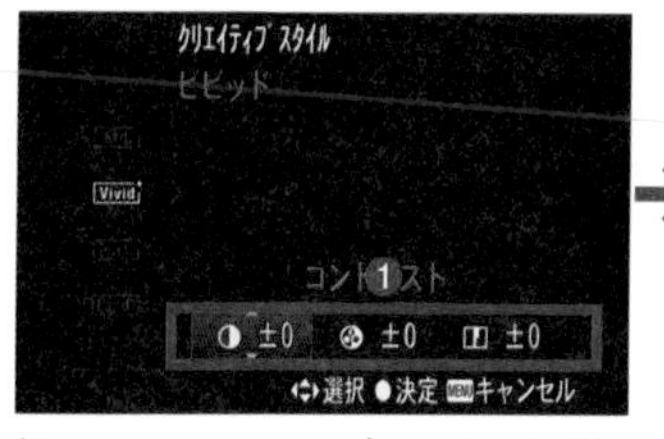

好みのクリエイティブスタイルを選択したら、▶を押し [コントラスト] [彩度] [シャープネス] のいずれかを選択する❶。

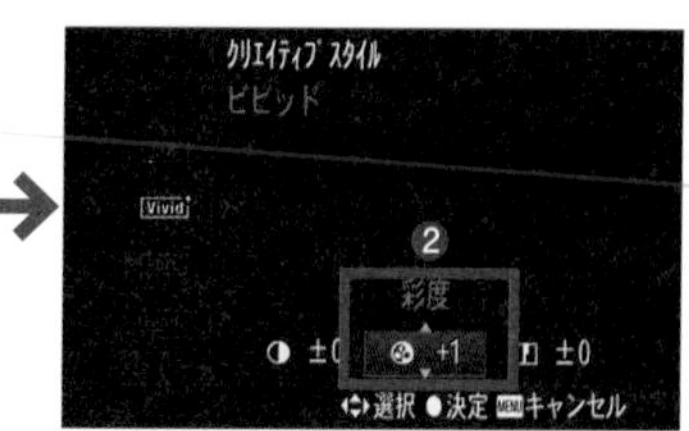

▲/▼で値を変更し❷、中央ボタンを押す。

■白黒の微調整例

白黒

コントラストを+2にすることで影が強調され、硬い岩の質感と光の印象をより強く捉えられた。

■風景の微調整例

風景

風景：彩度+1

彩度を+1にすることで、空の青味が出て鮮やかに描写できた。

3 クリエイティブスタイルの種類

Std. スタンダード

標準となる画像スタイルで、さまざまな被写体やシーンに対応している。初期設定ではこれが設定されている。

Vivid ビビッド

[スタンダード]

彩度とコントラストが強調され、色鮮やかになる。食べ物やカラフルな花など、色彩豊かな被写体がより効果的に。

Port. ポートレート

[スタンダード]

人物の肌を自然な色合いで柔らかく表現できる。女性や赤ちゃんの撮影に向いている。

Land. 風景

[スタンダード]

彩度、コントラスト、シャープネスが高めになり、メリハリのある仕上がりになる。空や海の青、山や樹木の緑を鮮やかに再現する。

■ Sunset 夕景

[スタンダード]

赤味を強調し、シャープネスが高めでくっきりした描写ができる。夕焼けや朝焼けなど、赤い色が印象的な被写体を撮るのに適している。

■ B/W 白黒

[スタンダード]

白黒写真を撮ることができる。色情報をなくすことで、ドラマチックに被写体を引き立てる。

■ Sepia セピア

[スタンダード]

セピア色のモノトーンでノスタルジックなイメージに仕上げる。色あせた古い写真のような表現にしたいときに効果的。

まとめ

- クリエイティブスタイルは、画像の仕上がり具合を7種類から選んで自分好みのイメージに表現することができる機能
- クリエイティブスタイルでは、コントラスト、彩度、シャープネスを微調整することができる

Section 02

ピクチャーエフェクトでシーンを演出しよう

Keyword ピクチャーエフェクト

かんたんに特徴的な写真が撮れるピクチャーエフェクトは13種類から選べる。エフェクトによってはさらに色合いを変えられるので、さまざまな被写体とエフェクトの組み合わせを試してみよう。ただし、[ファイル形式] が [RAW]、[RAW+JPEG] の場合は設定できない。

1 ピクチャーエフェクトとは

カメラ内で画像にデジタルエフェクトをかけることができるピクチャーエフェクト機能。好みの効果を選んでシャッターボタンを押すだけで、印象的でアーティスティックな表現の写真が撮影できるため、表現の幅を広げてくれる。一部のエフェクトは、効果の強弱や色の選択など詳細な調節を行うことも可能だ。

■ピクチャーエフェクトをかけずに撮影

ピクチャーエフェクトをかけずにノーマル撮影。色味や輪郭が忠実に再現されている。

■ピクチャーエフェクトの [ポスタリゼーション] で撮影

[ポスタリゼーション] の効果をかけて撮影。原色のみで再現されるメリハリのある印象的な仕上がりになっている。

2 ピクチャーエフェクトの設定方法

ピクチャーエフェクトの中には、効果の強弱や色味などを変更して、仕上がりに変化をつけることができるものがある。いくつかのエフェクトはモニターで効果を確認しながら撮影できる。

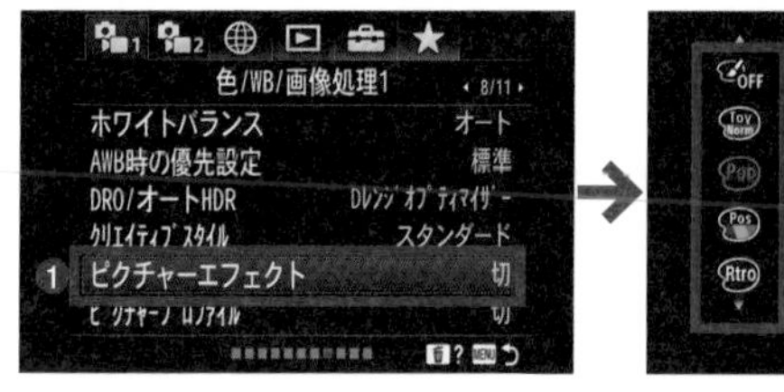

MENUボタンを押し、8の［ピクチャーエフェクト］を選択し❶、中央ボタンを押す。

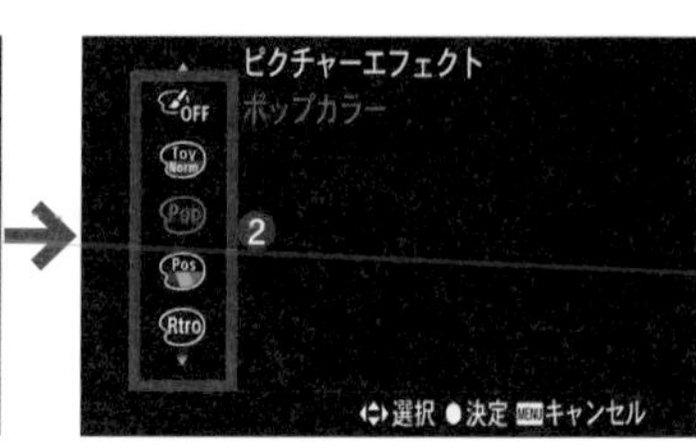

▲/▼で好みのピクチャーエフェクトを選択し❷、中央ボタンを押す。

3 ピクチャーエフェクトの効果を知る

ほとんどのエフェクトはモニターで効果を確認しながら撮影できるが、［ソフトフォーカス］［絵画調HDR］［リッチトーンモノクロ］［ミニチュア］［イラスト調］は撮影後に画像処理を行うため、撮影前は確認できない。なお、エフェクト名の右にがあるものは動画でも適用可能だ。

■トイカメラ

周辺が暗く落ちて全体に柔らかな印象に。

■ポップカラー

カラフルな色が強調されて明るい印象に。

■ポスタリゼーション

原色だけか白黒だけで、メリハリのある印象的な雰囲気に。建造物や機械など、無機質な被写体に合う。

■レトロフォト

全体がセピア色がかり、コントラストが低くなることで古い写真のような仕上がりになる。

■ソフトハイキー

全体的に明るくなって、ふわっとした柔らかな印象になる。優しい印象になるので、赤ちゃんや女性ポートレートにもおすすめ。

■ハイコントラストモノクロ

明暗にメリハリがついた印象的なモノクロ写真に。コントラストが強く、かっこいい印象に仕上がる。

■ソフトフォーカス

明るく柔らかな光が全体に広がるやさしい雰囲気の仕上がりに。

■絵画調HDR

色彩やディテールが絵画のようなイメージに。

■リッチトーンモノクロ

階調が豊かで、質感やディティールもはっきりと表現されるモノクロに。

■ミニチュア

周辺が大きなボケることで、ミニチュア模型を撮影したような雰囲気になる。

■水彩画調

まるで水彩画のようなにじみやボカシなどの効果をつける。

■イラスト調

イラストのように輪郭が強調されたイメージに。効果の強弱を選択することができる。

■パートカラー

指定した1色だけをカラーにしてそのほかはモノクロに表現される。

グリーン

ブルー

イエロー

5 ZV-E10の便利な機能を使おう

Section 03 ホワイトバランスで色合いを思い通りに変化させよう

Keyword ホワイトバランス、AWB、雰囲気優先、ホワイト優先

写真撮影において、色の表現は重要だ。光源の色に関わらず、被写体が本来の色で写るように撮ることをホワイトバランスを合わせるというが、撮影者が意図的に色を変えて撮影することもできる。

1 ホワイトバランスの使い分け

ホワイトバランスにはさまざまな種類があり、撮影時の光源に合わせてカメラに指定することで、見た目に近い色に合わせることができる。理想の色合いにならないときは、色温度やカラーフィルターを使い微調整しよう。ただし、色を表現として使いたいときは、あえてホワイトバランスを整えない場合もある。

■設定方法

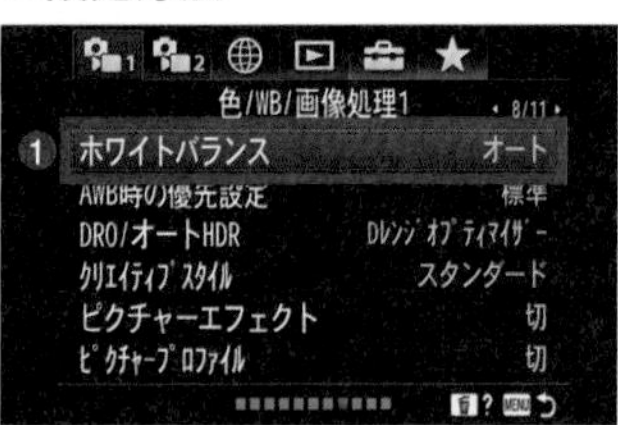

MENUボタンを押し、8の［ホワイトバランス］を選択し❶、中央ボタンを押す。

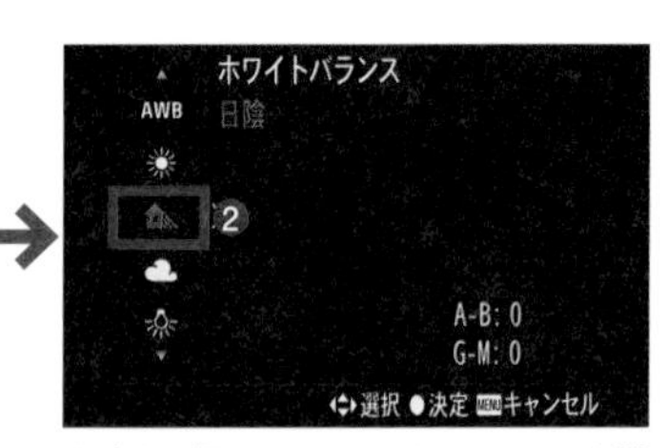

▲/▼で好みのホワイトバランスを選択し❷、中央ボタンを押す。

AWB（オート）

カメラが自動で色合いを調整する。

太陽光

太陽光を基準として、目で見た色に近づく。

日陰

実際の色より赤味や黄味が強く調整される。

曇天

赤味や黄味が少し強めに調整される。

電球

電球（白熱灯）下での撮影に適している。

蛍光灯（温白色）

温白色の蛍光灯下での撮影に適している。

蛍光灯（白色）

白色の蛍光灯下での撮影に適している。

蛍光灯（昼光色）

昼光色の蛍光灯下での撮影に適している。

蛍光灯（昼白色）

昼白色の蛍光灯下での撮影に適している。

2 AWB時の優先設定

ホワイトバランスを自動調整してくれるAWB（オートホワイトバランス）だが、調整によってはその場の雰囲気と合わない写真になることがある。その場合は、［AWB時の優先設定］を操作してみよう。［ホワイト優先］では正確に白を表現することができ、［雰囲気優先］ではその場の雰囲気に合わせて調整してくれる。

雰囲気優先

黄色い照明の下で撮影。その場の雰囲気に合わせて調整してくれる。黄色い光の下では特に使いやすい。

ホワイト優先

黄色い照明の下でも、白いものを白く写せる。本来の色で表現したいときはホワイト優先を選ぼう。

まとめ

- ホワイトバランスは、光源による色かぶりを補正し、本来の色味に調整する
- AWBには、雰囲気優先とホワイト優先がある

Section 04 DRO／オートHDRで見たままを再現しよう

Keyword　DRO、オートHDR

Dレンジオプティマイザー（以下DRO）とオートHDR（ハイダイナミックレンジ）は、暗部と明暗差を調節して、肉眼で見たようなイメージを再現してくれる機能だ。

1 DROの効果を知る

DROは、被写体と背景の明暗の差をカメラが分析し、最適な明るさとコントラストに自動で補正する機能。初期設定で［オート］に設定されており、静止画／動画のすべてのモードに対応している。特に逆光で顔が暗くなりそうな人物撮影や、スナップなどで効果的だ。

屋外の撮影では、光の当たっていない部分は空や太陽に露出を合わせると、どうしても黒くつぶれてしまう。DRO機能により明るく補正され、全体の明度が均一になった。

■DROの設定方法

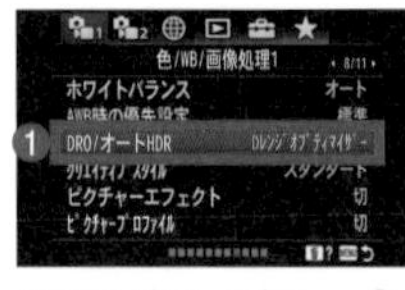

MENUボタンを押し、8の［DRO/オートHDR］を選択し❶、中央ボタンを押す。

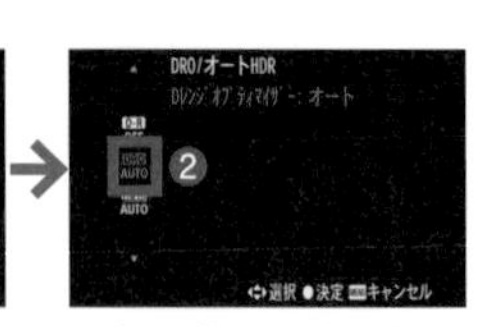

▲/▼で［Dレンジオプティマイザー］を選ぶ❷。

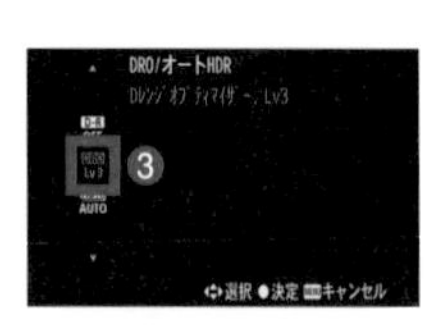

撮影画像の階調を画像の領域ごとに最適化するので、◀/▶で好みのレベルを選ぶ❸。

2 オートHDRの効果を知る

オートHDRは、自動露出、アンダー、オーバーの露出の異なる3枚の画像を1回のシャッターで撮影し、カメラ内で自動合成して、見たままのイメージに調節する機能。動画撮影では利用できないが、DROでは補正しきれないような、より明暗差の大きいシーンにも対応できる。シャッターボタンを一度押すと、連続で3回シャッターが切れるので、風景などの動かない被写体に向いている。

白とびや黒つぶれしている部分を、合成して階調豊かな画像にできる。

■オートHDRの設定方法

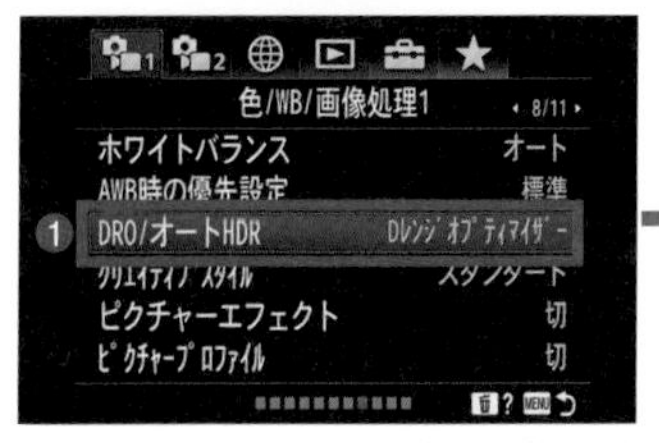

MENUボタンを押し、8の［DRO/オートHDR］を選択し❶、中央ボタンを押す。

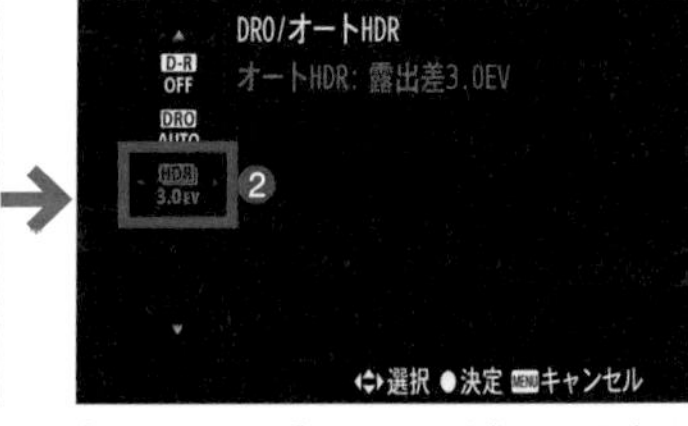

［オートHDR］から、◀/▶で設定を選ぶ❷。自然な仕上がりには［露出差1.0EV］、明暗差が大きいときは［露出差6.0EV］に設定するとよい。

まとめ

- 逆光など明暗差が大きいシーンはDRO/オートHDRを設定するとよい
- 人物やスナップなど動く被写体はDRO、風景など動かない被写体はオートHDRで撮影するとよい

Section 05 ピクチャープロファイルを設定しよう

Keyword　ピクチャープロファイル、ガンマ、カラーモード

ピクチャープロファイルとは撮影する動画の階調や発色の設定を組み合わせられる機能のこと。あらかじめプリセットも用意されており、クリエイティブスタイルと似ているが、こちらはおもに動画を対象にしたものだ。

1 ピクチャープロファイルの設定をする

ピクチャープロファイルのポイントになってくるのが［ガンマ］と［カラーモード］だ。［ガンマ］では映像のコントラスト、［カラーモード］では映像の発色の調整を行っている。さらにプリセットを詳細設定で自分好みに調整することもできる。

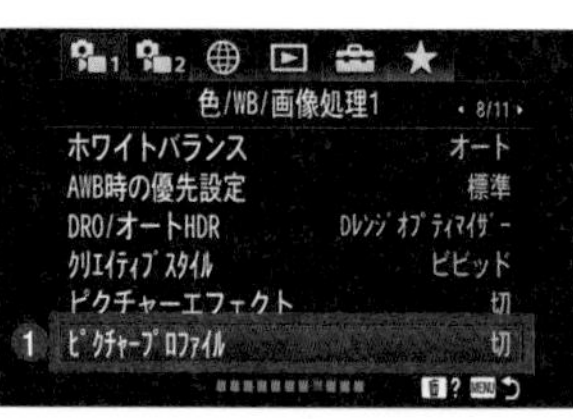

MENUボタンを押し、8の［ピクチャープロファイル］を選択し❶、OKボタンを押す。

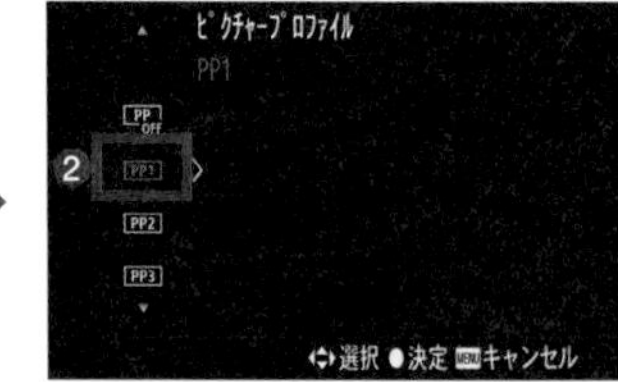

▲/▼で好みのピクチャープロファイルを選択し❷、中央ボタンで決定する。

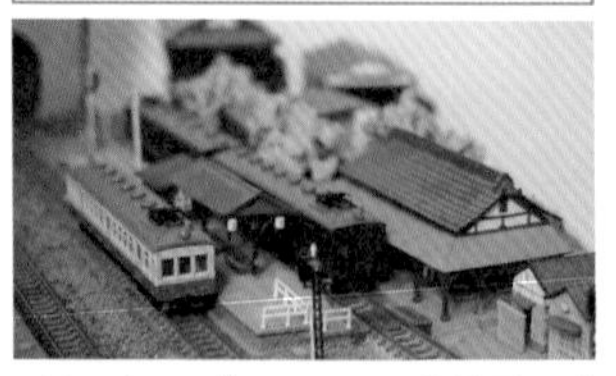

ピクチャープロファイルを使用せず撮影。ここからガンマ（コントラスト）とカラーモード（発色）が各プロファイルごとに調整されている。

PP1

動画用の標準ガンマを適用するプロファイル。コントラストが強く、くっきり鮮やかな印象になる。

PP2

静止画用の標準ガンマを適用するプロファイル。写真に近い画づくりを動画に適用することができる。

PP3

HDTV向け規格に相当するガンマを使ったプロファイル。彩度が少し落ち着いて自然な色合いになる。

PP4

パッと見は鮮やかだが、HDTV向けの規格に合わせているため、表現できる色域が狭くなる。繊細な色味はつぶれてしまうことがある。

PP5

暗部のコントラストがなだらかになり、メイドは階調変化がはっきりしている。落ち着いた調子の映像になる。

PP6

PP5とほぼ同様の効果が出るが、ビデオ信号100%以内での編集を想定したプリセットになっている。

PP7

撮影後のカラーグレーディングを前提としたプロファイル。広いダイナミックレンジを保つため、補正前は明暗の差が小さく見える。

PP8

撮影後のカラーグレーディングを前提としたプロファイル。よりフィルムに似た特性のガンマで、カラーモードはデジタルシネマの色域に調整しやすい設定。

PP9

撮影後のカラーグレーディングを前提としたプロファイル。PP8と同じフィルムに似た特性のガンマで、カラーモードはより広い色域を扱える設定。

PP10

HDR撮影用のプロファイル。白とびや黒つぶれしないように広いダイナミックレンジを確保しつつ、ノイズを抑えた設定になっている。

2 HLGを設定する

HLGとはHDR動画撮影のためのモードで、ピクチャープロファイル選択時に詳細設定で[HLG]～[HLG3]のガンマを選択すると、HDR動画撮影を行うことができる。ピクチャープロファイルの[PP10]にはHDR動画撮影の設定がプリセットされており、HLG(Hybrid Log-Gamma)対応のテレビで再生すると、いままで白とびや黒つぶれでうまく再現できなかったシーンも表現することができる。HLD方式を採用しているテレビは明度の最大値も高く、HDR撮影した動画をきれいに描写することができる。

■HLGの設定方法

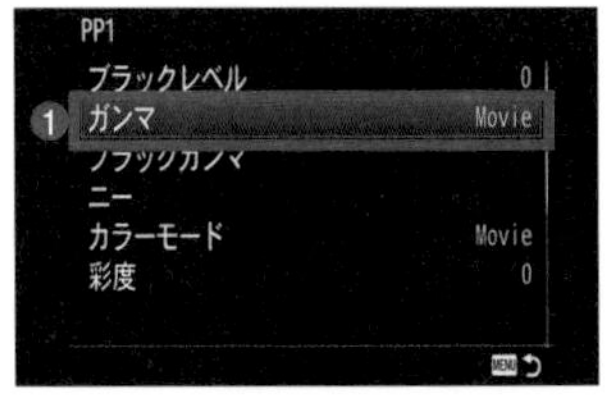

ピクチャープロファイル選択時に▶を押すと、詳細設定画面が開くので[ガンマ]を選択する❶。

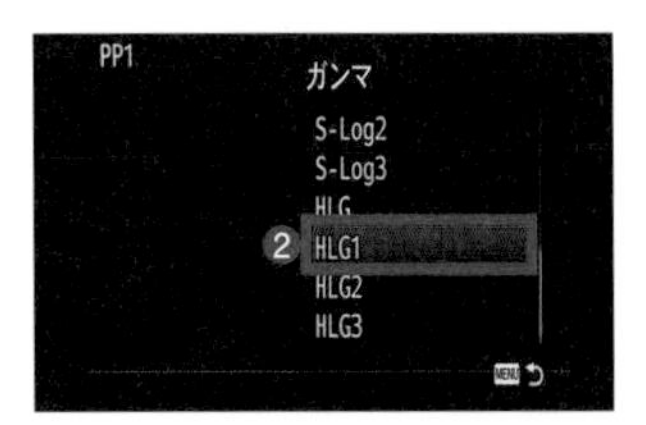

[HLG]～[HLG3]❷から任意の項目を選択して中央ボタンを押す。

■HLGの種類

HLG

HDRの規格であるITU-R BT.2100のHybrid Log-Gamma相当の特性がある。

HLG1

ノイズを抑えたい場合に使用する。ダイナミックレンジは狭くなる。

HLG2

ダイナミックレンジとノイズのバランスを取っている設定。

HLG3

広めのダイナミックレンジで撮影したい場合の設定。ノイズレベルがあがるので注意が必要。ダイナミックレンジはHLGと同じになる。

Section 06 静かなシーンではサイレント撮影機能で対応しよう

Keyword サイレント撮影、電子音、セルフタイマー

カフェやレストラン、動物の撮影時など静かに撮影したいシーンではカメラのシャッター音や電子音は気になるもの。カメラの設定を変更して音を抑え、静かに撮影する方法を覚えておこう。

1 サイレント撮影を設定する

静かに撮影するにはサイレント撮影と電子音の設定を変更するとよい。**サイレント撮影ではシャッター音をさせずに撮影することができる。**電子音の設定では操作時やピントが合ったときに鳴る**電子音をオフにして撮影できる。**ただし、サイレント撮影は動きの速いものは歪んで写ってしまうことがあるので、必要な場合にだけ設定するようにしよう。

公園の手すりに止まった鳥を撮影。人の気配がするとすぐに飛んでいってしまう野鳥にも気づかれないように静かに撮影することが可能だ。

■サイレント撮影の設定方法

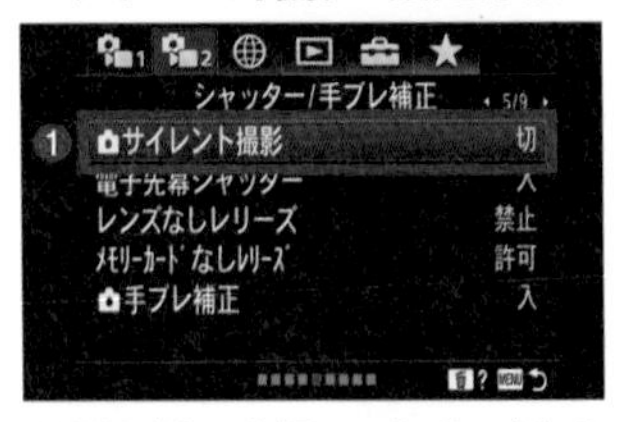

MENUボタンを押し、2 5の［サイレント撮影］を選択し❶、中央ボタンを押す。

→

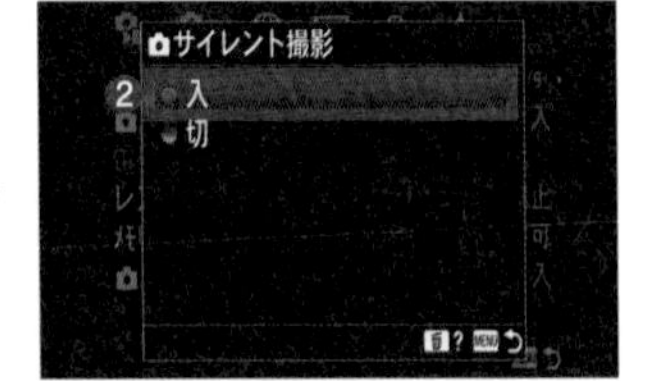

▲/▼で［入］を選び❷、中央ボタンを押す。

■電子音の設定方法

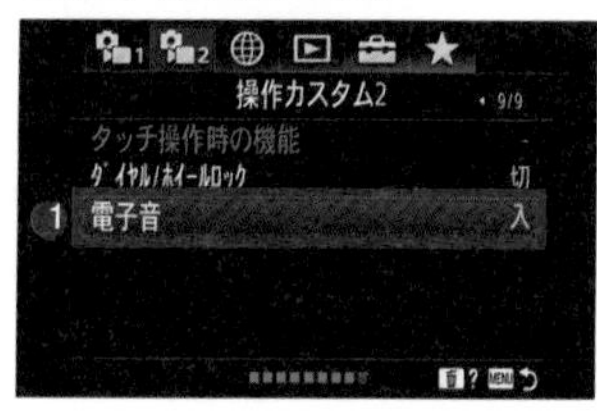

MENUボタンを押し、⚙2 9の[電子音]を選択し❶、中央ボタンを押す。

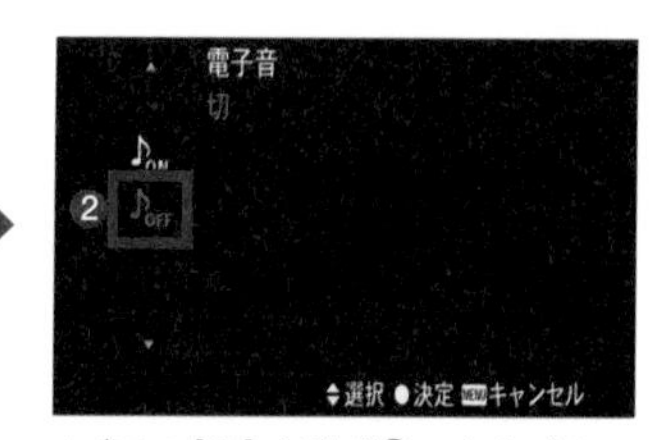

▲/▼で[切]を選び❷、中央ボタンを押す。

2 サイレント撮影でブレを防ぐ

サイレント撮影では静かに撮影できるだけでなく、シャッター幕が動かないことによりブレを抑えられるという利点もある。夜景や暗い場所での撮影のようなブレやすいシーンでも、サイレント撮影はおすすめだ。さらに、シャッターを切る際にカメラが動いてブレてしまわないように、セルフタイマーの2秒を設定するとよいだろう。

サイレント撮影とセルフタイマーの2秒を組み合わせれば、カメラにほぼ振動を与えず撮影できるので、ブレにくくなる。

画像DATA
モード▶シャッタースピード優先（S） 絞り▶F8.0 シャッター▶4秒
ISO▶100 露出補正▶+1.7 ホワイトバランス▶オート
レンズ▶E PZ 16-50mm F3.5-5.6 OSS 焦点距離▶16mm

まとめ
- サイレント撮影に設定すると、シャッター幕が動かないので静かに撮影できる
- 電子音を［切］に設定すると、ピント合わせの音や操作時に鳴る電子音を消すことができる

Section 07

連続撮影で動く被写体を狙おう

Keyword ドライブモード、連続撮影、高速シャッター

連続撮影はドライブモードから設定することができる。連続撮影に設定するとシャッターボタンを押し続けている間シャッターが切られ、動いている被写体でもシャッターチャンスを捉えやすくなる。

1 ドライブモードを連続撮影に設定する

ドライブモードでは、1枚撮影のほかに、連続撮影やセルフタイマーなど、シャッターを切ったときのカメラの動作を選ぶことができる。動く被写体には連続撮影を設定しよう。連続撮影のモードは被写体の動く速さに合わせて設定するとよいだろう。

■設定方法

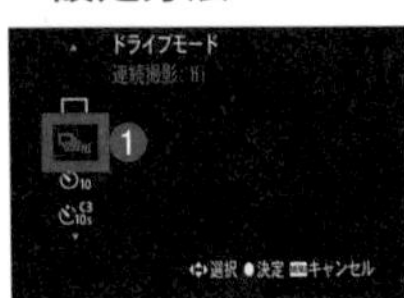

◀を押し、ドライブモードから[連続撮影]を選択する❶。

◀/▶で任意のコマ速を選択し❷、中央ボタンを押す。

■ドライブモードの種類

1枚撮影	通常の撮影方法で、シャッターボタン全押しで、一枚撮影する。
連続撮影	シャッターボタンを押している間、連続して撮影する。
セルフタイマー	シャッターボタンを押してから指定した秒数後に、セルフタイマーで撮影する。
セルフタイマー（連続）	シャッターボタンを押してから指定した秒数後に、セルフタイマーで指定枚数撮影する。
BRK C 連続ブラケット	シャッターボタンを押し続けることで、露出を段階的にずらして画像を撮影する（→P.118）。
BRK S 1枚ブラケット	露出を段階的にずらし、指定枚数の画像を1枚ずつ撮影する。
BRK WB ホワイトバランスブラケット	ホワイトバランスと色温度、カラーフィルターの値を段階的にずらして、3枚撮影する（→P.119）。
BRK DRO DROブラケット	Dレンジオプティマイザーの値を段階的にずらして、3枚撮影する。

2 RAWで46枚の連続撮影

連続撮影では、Hi+（約11コマ/秒）、Hi（約8コマ/秒）、Mid（約6コマ/秒）、Lo（約3コマ/秒）から連写速度を選ぶ。シャッターボタンを押し続ければ、RAW（圧縮）で約33枚、JPEGのファインで約116枚を撮り続けることができる。AF-Cで撮影すると、連写中でもピントを追従させることが可能だ。

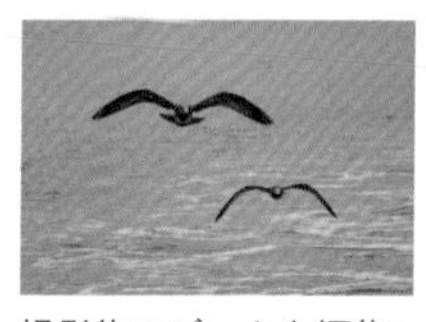

撮影後にデータを編集しやすいRAWでも連続撮影ができる。子どもや動物の一瞬の動きなど、変化し続けるシーンも途切れることなく撮影できる。

3 高速シャッターで動きを止める

画像DATA
モード▶シャッタースピード優先（S） 絞り▶F6.3
シャッター▶1/1000秒 ISO▶640
露出補正▶+0.3 ホワイトバランス▶オート
レンズ▶E 55-210mm F4.5-6.3 OSS
焦点距離▶210mm

一般的に高速シャッターといわれる1/500秒程度以上であれば被写体の動きを止めて撮影することができる。作例の写真は、ヒマワリに近づくミツバチを撮影。絶えず動き回っていたが、ブラさずに写し止めることができた。

まとめ
- ドライブモードとは、シャッターを切ったときのカメラの動作を選べる機能
- 動く被写体には連続撮影、シャッターブレが気になるときはセルフタイマーを使う

Section 08

全画素超解像ズームでアップにして撮ろう

Keyword　光学ズーム、全画素超解像ズーム、デジタルズーム

ZV-E10のカメラ本体に搭載されているズーム機能を使えば、レンズ自体の焦点距離に加えてさらに焦点距離を延ばすことができる。望遠機能のない単焦点レンズでもズーム機能を使うことができる。

1 ズーム範囲を設定する

ZV-E10では、光学ズームのみ、全画素超解像ズーム、デジタルズームの3種類の中からズーム設定を選ぶことができる。[全画素超解像ズーム] は、光学ズームの範囲を超えても画素数を減らさず、高画質でのズームが可能だ。[デジタルズーム] では画質は落ちるが、さらに高倍率でズームができる。どのズーム設定でも、画像サイズが小さい方がズームの倍率が高くなる。

光学ズームのみ	画像サイズがLのときは、使用レンズの光学ズーム範囲（E PZ 16-50mm F3.5-5.6 OSSなら16-50mm）でのみズームする。画像サイズがM、Sのときは、光学ズーム倍率を超えても画質を落とさずにズームできる（スマートズーム）。
全画素超解像ズーム	光学ズーム範囲、スマートズーム範囲を超えても画質劣化の少ないズームができる（画像サイズLの場合は光学ズーム範囲の約2倍まで）。
デジタルズーム	全画素超解像ズームの範囲を超えて、さらに高倍率でズームができる（画像サイズLの場合は光学ズーム範囲の約4倍まで）。そのかわり全画素超解像ズームに比べて画質は劣る。

■設定方法

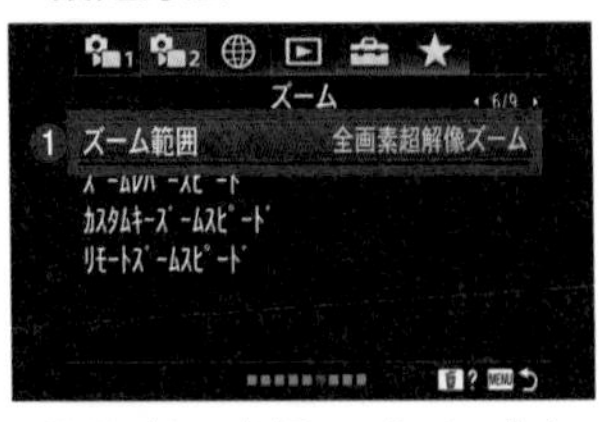

MENUボタンを押し、2 6の [ズーム範囲] を選択する❶。

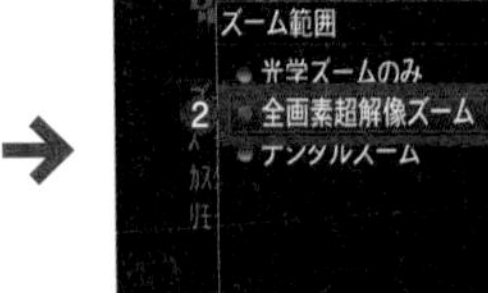

▲/▼で好みのズーム設定を選択し❷、中央ボタンで決定する。ズーム機能を使って撮影する（→P.126）。

2 カメラのズーム設定を活用しよう

カメラ搭載のズーム機能を使えば、望遠機能を持たない単焦点レンズでもズーム撮影が可能だ。シンプルな単焦点レンズならではの持ち運びのしやすさと高い解像力を活かしてズーム撮影ができるのは大きな魅力といえるだろう。また、望遠ズームレンズほどのズームができない標準ズームレンズでも、カメラ搭載ズームと組み合わせれば広角から望遠まで幅広い撮影ができるだろう。

■光学ズームのみ

キットレンズの最大ズームである焦点距離50mmで撮影。海をはさんだ対岸など、近づくことができない被写体の場合は大きく写すのが難しい。

■全画素超解像ズーム

全画素超解像ズームを使い、光学ズームの2倍である焦点距離100mmで撮影。高解像度を保ったまま望遠レンズ並にズームし、光学ズームのみの撮影では背景として小さく写っていた海の向こうにある橋を、メイン被写体として大きく写すことができた。

■デジタルズーム

デジタルズームを使い、光学ズームの4倍である焦点距離200mmで撮影。全画素超解像ズームと比べると画質はやや落ちるが、かなり遠くの被写体を大きく写すことができた。

まとめ

- 全画素超解像ズームを使えば、高画質を保ったままズームができる
- デジタルズームを使えば、画質は落ちるが高倍率でズームができる

Section 09 ブラケット撮影を活用してクオリティを上げよう

Keyword 連続ブラケット、ホワイトバランスブラケット

露出やホワイトバランスを決めるのが難しいときは、ブラケット撮影を利用しよう。自分で設定した露出やホワイトバランスだけでなく、変化をつけた静止画が撮影できる。

1 露出に迷ったら連続ブラケットを使おう

どの程度露出を補正すればよいのか迷ったときは、連続ブラケット撮影が便利だ。シャッターを一度切るだけで、露出の違う複数枚の写真が自動で撮影される。変化の程度や連続撮影の枚数など、細かい調整をすることもできる。撮影者が1枚ずつ露出を変えて撮りたいときは、1枚ブラケットで撮影するとよい。連続ブラケットで撮影する枚数と変化の度合いは、連続ブラケット設定時に選択することができる。変化の度合いを大きくしたり、撮影する枚数を増やしたりすることができる。

−1.0

±0

+1.0

連続ブラケット［1EV 3枚］で撮影。自分で設定した露出と、前後の露出の3枚が自動で撮影される。

■設定方法

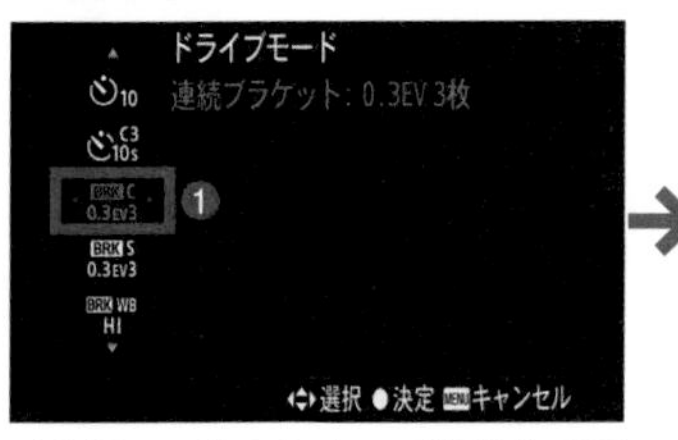

◀を押してドライブモード画面を表示し、［連続ブラケット］を選択する❶。

▶を押すと、露出値と撮影枚数を選ぶことができ❷、中央ボタンで決定する。

2 色味に迷ったらホワイトバランスブラケットを使おう

色味に迷ったときは、自分で決めたホワイトバランスよりも寒色系の写真と暖色系の写真を同時に撮影できる、ホワイトバランスブラケットを使おう。特に、雰囲気がある照明の下での撮影など、ホワイトバランスをどの程度合わせるか迷ったときに便利だ。変化の度合いは、HiとLoで調整することができる。

寒色系

標準

暖色系

ホワイトバランスブラケットのHiで撮影。一度のシャッターで、撮影者が設定したホワイトバランスの写真（中央）、寒色系（左）、暖色系（右）の3枚が撮影される。ホワイトバランスの変化を小さくしたい場合は［Lo］に設定するとよい。

まとめ
- 連続ブラケットは露出を変えて複数枚の写真を撮影できる
- 色味に迷ったらホワイトバランスブラケットを使おう

Section 10

カスタムキーを活用して操作性を高めよう

Keyword カスタムキー、カスタムボタン

機能を変更できるボタンを「カスタムキー」と呼ぶ。C1ボタン、C2ボタンなど、ZV-E10はカスタマイズの自由度が高く、本体のさまざまなボタンがカスタムキーになっている。カスタムキーは、静止画、動画、再生時それぞれに設定することができる。使いやすいようにカスタマイズしてみよう。

1 カスタムキーを設定する

本体のカスタムキーは全部で7つあり、自由に機能を割り当てることができる。機能名に聞き慣れない言葉があるかもしれないが、削除ボタンを押して機能を確かめよう。

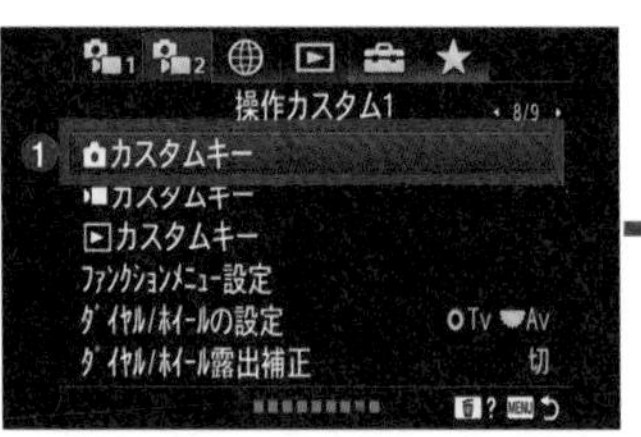

MENUボタンを押し、8の［カスタムキー］を選択し❶、中央ボタンを押す。

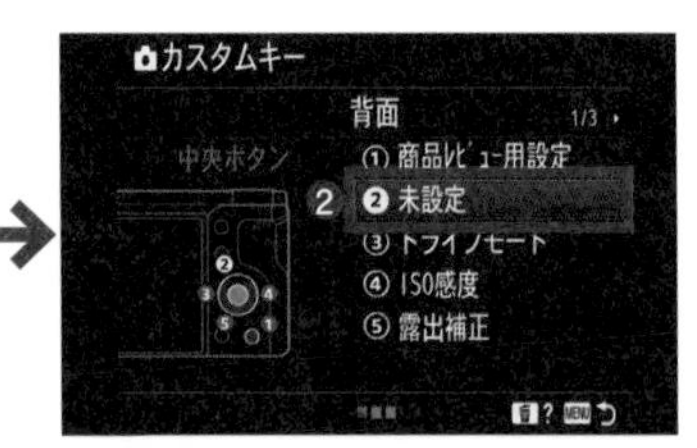

▲/▼/◀/▶で変更したいボタンを選択し❷、中央ボタンを押す。

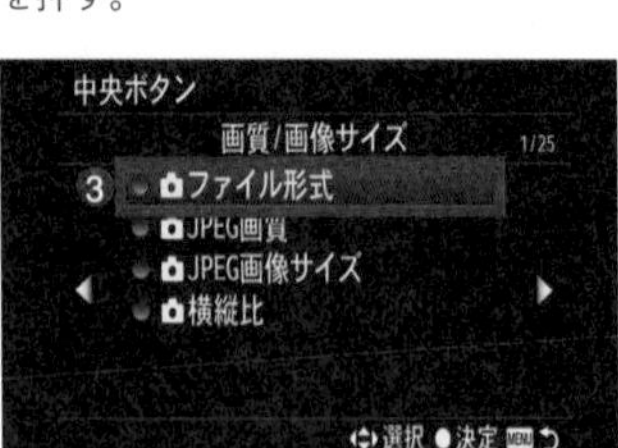

▲/▼で割り当てたい機能を選択し❸、中央ボタンを押す。

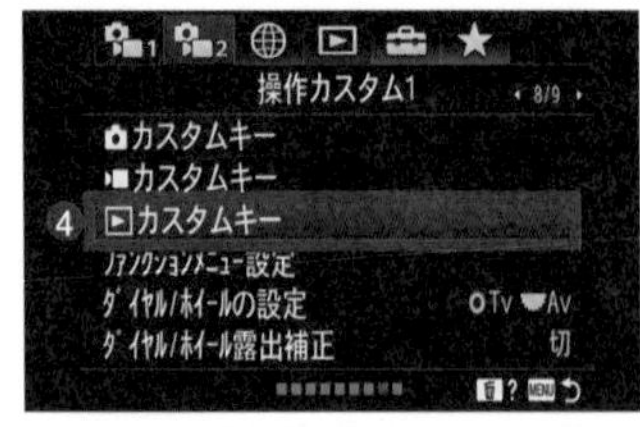

再生時の機能を割り当てたいときは、8の［カスタムキー］を選択する❹。

■初期設定

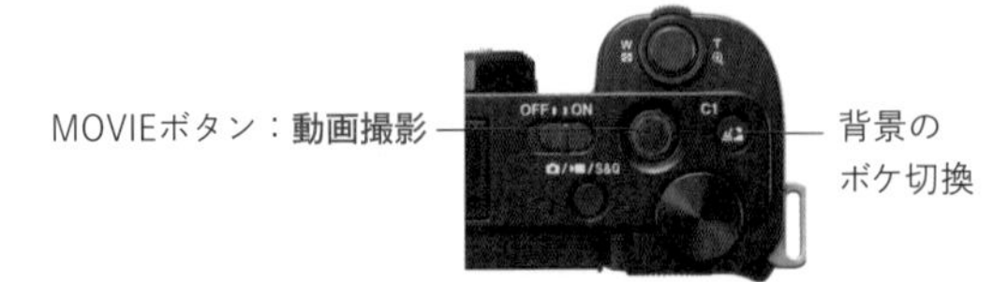

■静止画撮影のおすすめ

静止画撮影時に変更する可能性の高い機能を中心に設定。コントロールホイール(上、右、下、左)は変更の多い機能なので、初期設定のまま使用。その他のボタンにワンタッチで呼び出したい設定を設定するとよい。

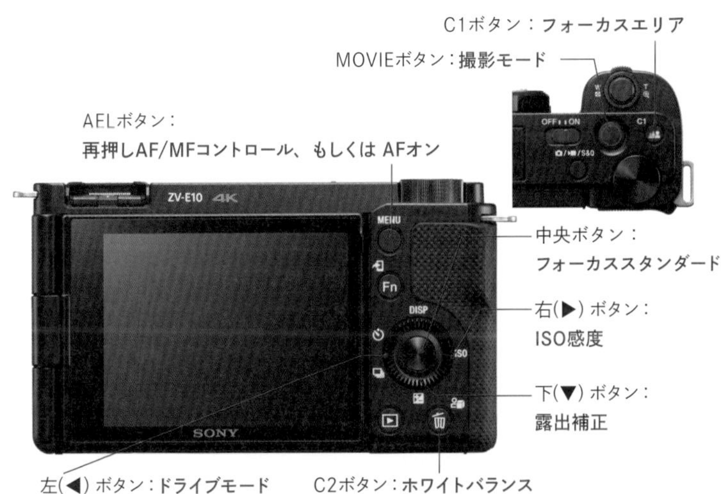

■動画撮影のおすすめ

撮影に関係する基本設定は写真撮影と同じ「カスタム（静止画）に従う」の設定。[シャッターボタンで動画撮影]を[する]に設定し、撮影のON/OFFをシャッターボタンにすることで、MOVIEボタンをほかの設定に登録できる。

■再生のおすすめ

5
ZV-E10の便利な機能を使おう

Chapter

6

交換レンズを使いこなそう

Section 01

交換レンズの基本を知ろう

Keyword レンズ各部名称、交換レンズ

VLOGCAM ZV-E10は、撮りたい写真に合わせて自由にレンズを交換することができる。レンズを変えると、**写す範囲やボケ具合**などの表現が変わる。撮影にバリエーションが増え、イメージ通りの写真を撮影することができる。そのためには、最初に交換レンズについての知識を深めておこう。

1 レンズの各部名称

ボディと同様に、レンズも各部に名称がある。それぞれの名称と役割を理解し、状況に応じた適切な操作ができるようにしよう。

■電動ズームレンズ

❶ズーム/フォーカスリング
焦点距離を変えるリング。MF時にピントを合わせるときに回す

❷レンズ信号接点
カメラとレンズの動作信号のやり取りを行う

❸ズームレバー
電動ズームにある焦点距離を変えるレバー。W側にスライドさせると広角に、T側にスライドさせると望遠になる

❹マウント標点
レンズ着脱のときにカメラ側の指標と合わせるための指標

■望遠ズームレンズ

❺フード取りつけ部
別売りのフードを取りつけられる

❻ズームリング
回すと広角から望遠まで焦点距離を変えられる

❼焦点距離指標
焦点距離を合わせる指標

❽焦点距離目盛
合わせた焦点距離の数値がわかる

❾フォーカスリング
MF時にピントを合わせるときに回す

2 レンズの名称から情報を読み取る

レンズには搭載されている主な機能が略語で記載されていて、**絞り値や焦点距離、ズームの形式**など、そのレンズのスペックを読み取ることができる。

E F3.5-5.6 PZ 16-50 OSS

E ❶　F3.5-5.6 ❷　PZ ❸　16-50 ❹　OSS ❺

❶	E	Eマウントレンズでの、APS-Cサイズ機用レンズであることを示す。
❷	F3.5-5.6	絞りを開放にしたときの、最も明るい絞り値。左側の数値が広角側の開放絞り値。右側の数値が望遠側の開放絞り値を示す。
❸	PZ	パワーズームの略。この表記があれば、電動ズームを行うレンズであることを示す。パワーズームの操作は、レンズのズームレバー（→P.124の❸）と、カメラのW/Tレバー（→P.14の❺）の2種類の方法がある。
❹	16-50	焦点距離を示す。ズームレンズの場合、左側の数字が広角側、右側の数字が望遠側の焦点距離を示す。
❺	OSS	レンズ内光学式手ブレ補正機能を搭載しているレンズを示す。Optical Steady Shot の略。

3 交換レンズの種類と特徴

レンズを大きく分類すると、焦点距離が変えられる**ズームレンズ**と、焦点距離が1つに固定された**単焦点レンズ**の2つがある。各レンズの特徴を理解し、撮影シーンによって使い分けられるようにしよう。

ズームレンズ	標準ズームレンズ	焦点距離を変えることができ、人間の視野角に近い画角をはさんで、広角域から中望遠域をカバーするレンズのこと。
	望遠ズームレンズ	標準ズームレンズよりも望遠側の焦点距離をカバーできるズームレンズのこと。
	広角ズームレンズ	標準ズームレンズよりも広角側の焦点距離をカバーできるズームレンズのこと。
単焦点レンズ	単焦点レンズ	焦点距離が１つに固定されたレンズのこと。
	そのほかのレンズ	マクロレンズや魚眼レンズなど、特殊な効果を持つレンズのこと。

3 ズームの種類と範囲

ZV-E10では4種類のズームを組み合わせることで高倍率のズームをすることができる。ズームは光学ズーム、スマートズーム、全画素超解像ズーム、デジタルズームがあり、使用しているズームの種類によって表示されるアイコンが変わる。また、ズーム範囲を設定することでどの範囲までズームを使用するのか選択することができる。

■電動ズームレンズの場合

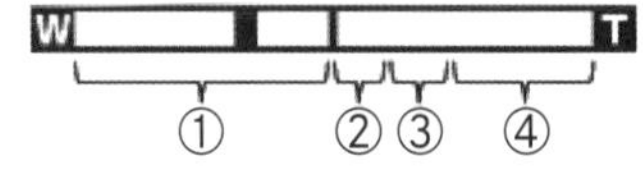

■電動ズームレンズ以外の場合

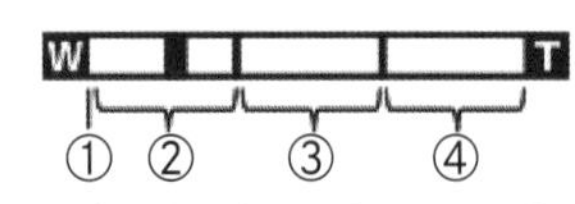

バーの①は光学ズーム、②はスマートズーム、③は全画素超解像ズーム、④はデジタルズームを表す。電動ズーム以外のレンズの場合は、①は焦点距離となり、②スマートズーム、③全画素超解像ズーム、④デジタルズームで使用が可能。

■ズーム範囲を設定する

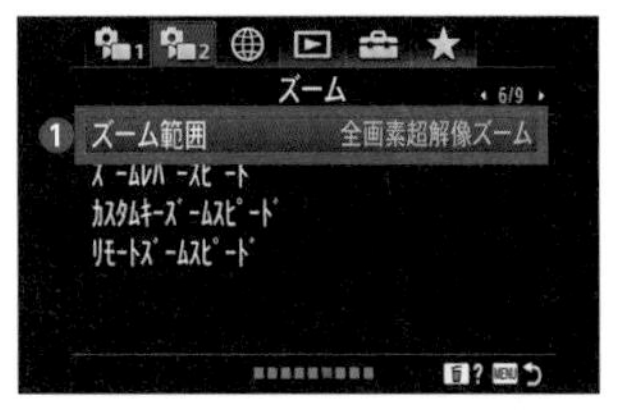

MENUボタンを押し、🎥2 6の［ズーム範囲］を選択し、中央ボタンを押す❶。

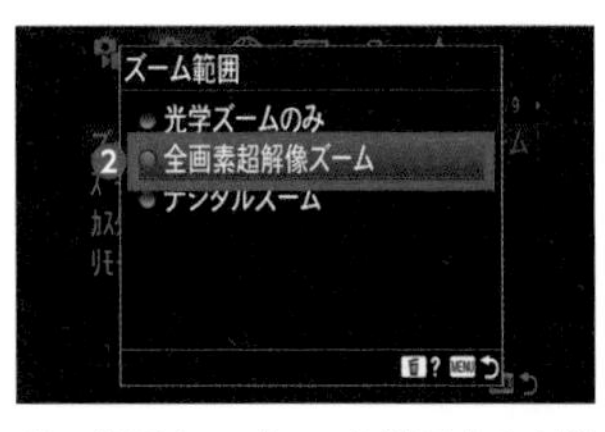

どの範囲までズームを使用するか選択し❷、中央ボタンを押して決定する。

①光学ズーム

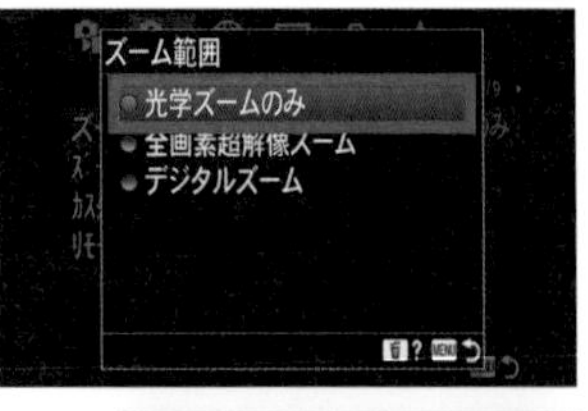

レンズのズーム範囲でズームする。［ズーム範囲］を［光学ズームのみ］に設定すると、最大にズームしてもレンズによるズームしか行わない。

②スマートズーム

画像を部分的に切り出して、画質を劣化させずに拡大することができる。[ズーム範囲]を[全画素超解像ズーム]または[デジタルズーム]に設定し、[JPEG画像サイズ]がM、Sのときのみ使用できる。※Lの場合は表示されない。

③全画素超解像ズーム

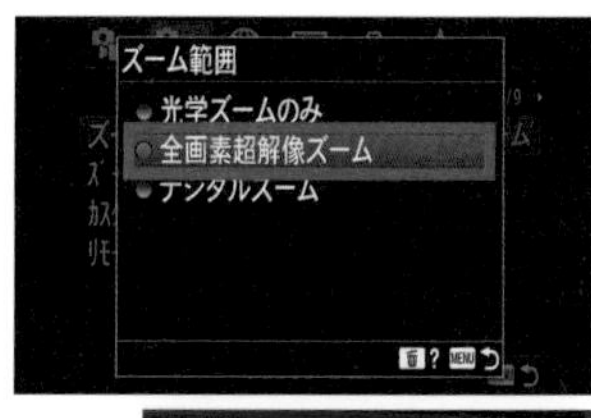

画質劣化の少ない画像処理により拡大することができる。[ズーム範囲]を[全画素超解像ズーム]に設定すると、最大にズームしたときアイコンがに変わる。[ズーム範囲]を[全画素超解像ズーム]または[デジタルズーム]に設定すると使用できる。

④デジタルズーム

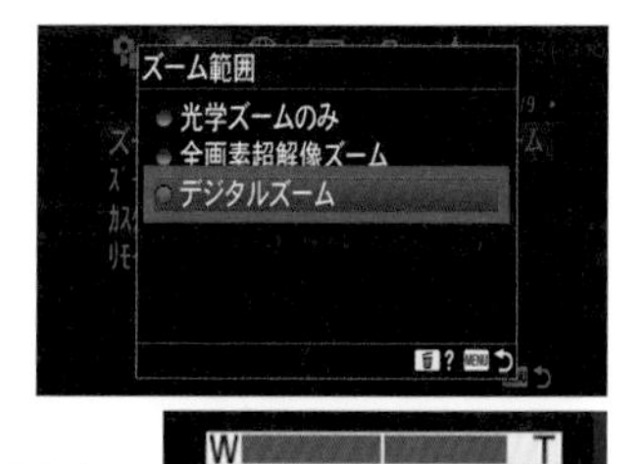

画像処理により拡大する。[ズーム範囲]を[デジタルズーム]に設定すると、最大にズームしたときアイコンがに変わる。[ズーム範囲]を[デジタルズーム]に設定すると使用できる。大きくすることができるが、画像は少し荒くなる。

まとめ

- レンズの各部名称と機能を理解し、使い分けられるようにする
- レンズの種類を覚えて、撮影シーンに合わせて使い分ける
- ズームは4種類あり、使用するズームの範囲を設定することができる

Section 02 画角と焦点距離の関係を理解しよう

Keyword 焦点距離、画角、遠近感

レンズで写せる範囲を画角という。望遠レンズでは画角を狭く、広角レンズでは画角を広く写すことができる。その画角は焦点距離で決める。焦点距離とは、ピントを合わせたときのレンズからカメラのイメージセンサーまでの距離のこと。また、焦点距離に左右される撮影距離と合わせて、被写界深度や背景の写り方なども大きく変わってくる。

1 焦点距離による画角の違い

焦点距離の数値が小さいほど広い範囲が写り（広角）、大きくなるほど写る範囲が狭くなる（望遠）。下の比較写真は、被写体とカメラの位置は同じままで、レンズの焦点距離だけを変えて撮影したものだ。焦点距離の数値が小さいほど広範囲を写せて、大きいほど遠くのものを写せるということがわかる。

16mm

広角の焦点距離では写る範囲が広く、空間の広がりや迫力を出しやすい。

35mm

標準の焦点距離では人間の視界に近い画角となり、落ち着いた描写になる。

135mm

望遠の焦点距離では、近くのものが画角内に入りづらいので遠近感がなく、歪まずに描写できる。

210mm

超望遠の焦点距離では、人間の目では見づらいほど遠くにあるものまでしっかりと描写できる。

2 焦点距離による背景の写り方の違い

レンズの焦点距離によって、被写体の背景の写り方が変わる。下の比較写真は、人物の大きさを一定にして、広角域、標準域、望遠域と、焦点距離を変えて撮影したものだ。比べると、背景の写り方が変化しているのがわかる。

16mm

人物へ近づいて、広角域で撮影。背景は広角になるほど広く写り、人物との距離が広く感じられる。

50mm

標準域で撮影。人物と背景の距離はそれなりに感じられる。人間の視界に最も近い画角。

210mm

人物から離れて望遠域で撮影。背景は望遠になるほど狭く写り、人物との距離が狭く感じられる。また、背景がボケやすい。

まとめ

- 焦点距離の数値が小さいと写る範囲は広くなり、大きくなるにつれて範囲は狭くなる
- 焦点距離は大きく広角、標準、望遠の３つに分類される
- 撮影距離によって遠近感やボケ味などが変わる

Section 03 標準ズームレンズを使ってみよう

Keyword 標準ズームレンズ、自然な描写

パワーズームレンズキットとして付属する標準ズームレンズ。肉眼で見たときの視野角と遠近感に近い約35mmの焦点距離をはさんで、広角域から中望遠域までをカバーした小型軽量なレンズだ。光学式手ブレ補正とパワーズーム機能を搭載し、静止画から動画まであらゆる場面で作品づくりが楽しめる。

E PZ 16-50mm F3.5-5.6 OSS

焦点距離（35mm判換算）：16-50mm（25-75mm相当）
開放絞り：F5.6-5.6
レンズ構成枚数：8群9枚
フィルター径：φ40.5mm
最短撮影距離：0.25-0.3m
希望小売価格：40,000円（税別）

展望台から雲が連なる山間の風景を広角域で撮影した。手前の棚田から奥の山、雲までピントが合うよう、また画面の四隅までシャープな描写になるように絞り値をF8.0に設定した。１本のレンズで広い風景からボケを活かしたスナップ写真など幅広いシーンで活躍できる。

画像DATA
モード▶絞り優先　絞り▶F8.0　シャッター▶1/640秒
ISO▶100（ISO AUTO）　露出補正▶-0.7　ホワイトバランス▶太陽光
レンズ▶E PZ 16-50mm F3.5-5.6 OSS　焦点距離▶16mm

1 ボケを活かしてスナップを撮る

終着駅で乗ってきた電車を背景に、構内に咲くひまわりにピントを合わせて撮影した。 望遠域の開放絞り値は、F5.6なので大きなボケ効果は得られないが、電車の扉が開いた状況がわかる程度の滑らかなボケ描写になった。ひまわりを引き立たせながら、終着駅のホームに止まっている電車がイメージできる夏の旅行写真が撮れた。

画像DATA
モード▶絞り優先　絞り▶F5.6
シャッター▶1/100秒
ISO▶100（ISO AUTO）
露出補正▶0
ホワイトバランス▶太陽光
レンズ▶E PZ 16-50mm F3.5-5.6 OSS
焦点距離▶50mm

2 幻想的な光の景色を撮る

流れる雲の隙間から太陽の光が差し込む景色を動画で撮影した。広角で雲を主役に写すため空の割合が多くなるように、画面の1/3に、海の割合は1/4程度になるように配置した。動画は写真と比べて画面の比率が横長な画面になるので、構図をつくるときにグリッドラインを活用すると便利だ。

画像DATA
モード▶絞り優先　絞り▶F8.0
シャッター▶1/125秒
ISO▶100（ISO AUTO）
露出補正▶0
ホワイトバランス▶太陽光
レンズ▶E PZ 16-50mm F3.5-5.6 OSS
焦点距離▶16mm
その他▶ND16フィルター使用

まとめ
- 広角から中望遠の幅広い焦点距離で幅広にシーンで活躍するレンズ
- 肉眼で見たような自然な画角や遠近感で撮影ができる

Section 04

望遠ズームレンズを使ってみよう

Keyword 望遠ズームレンズ、引き寄せ効果、圧縮効果、ボケ効果

ダブルズームレンズキットとして付属する、中望遠から望遠までをカバーしたズームレンズ。遠くの被写体を大きく写したり、景色の一部を切り取って見せたりする撮影に向いている。望遠域はボケ効果で被写体を浮かび上がらせたり、奥行きが詰まって写る圧縮効果をつくったりと、目で見た感覚と違う世界が楽しめる。

E 55-210mm F4.5-6.3 OSS

焦点距離(35mm判換算):55-210mm(82.5-315mm 相当)
開放絞り：F4.5-6.3
レンズ構成枚数：9 群 13 枚
フィルター径：φ 49mm
最短撮影距離：1m
希望小売価格：42,000 円（税別）

ひまわり畑の一部分を望遠域で切り取って撮影した。望遠特有の圧縮効果で花の密集度を増して迫力のある花畑が撮れた。絞り開放では前後の花がボケすぎてしまうので、F8.0にして花の輪郭がわかるようにした。また、奥行き感を増すために写真上部に森の暗い部分を入れた。

画像DATA
モード▶絞り優先　絞り▶ F8.0　シャッター▶ 1/800 秒
ISO ▶ 100（ISO AUTO）　露出補正▶ +0.3　ホワイトバランス▶太陽光
レンズ▶ E 55-210mm F4.5-6.3 OSS　焦点距離▶ 173mm

1 ボケ効果で人物を引き立たせる

銀杏並木で望遠ズームレンズを使用してポートレート撮影した。最大望遠域では開放絞り値はF6.3と少し暗めだが、ボケ効果は大きく、背景の銀杏並木はきれいな玉ボケになって人物を浮き上がらせている。また、顔が横向きになっているが被写界深度も多少あるので、両方の目にしっかりピントが合っている。

画像DATA
モード▶マニュアル　絞り▶F6.3
シャッター▶1/125 秒
ISO ▶ 200（ISO AUTO）
露出補正▶ +0.3
ホワイトバランス▶オート
レンズ▶ E 55-210mm F4.5-6.3 OSS
焦点距離▶ 210mm

2 遠くの被写体を大きく撮る

公園から港を遊覧するクルーズ船を動画で撮影した。動く被写体を固定した画角で撮るときは、船の動きを予測して構図をつくり、被写体が画面に入る手前から撮影を開始して、いなくなるまで撮ろう。なお、焦点距離が200mm以上で動画を撮影するときは、動画の手ブレ補正設定を［スタンダード］に設定しよう。

画像DATA
モード▶マニュアル
絞り▶ F6.3
シャッター▶ 1/30 秒
ISO ▶ 1250（ISO AUTO）
露出補正▶ 0
ホワイトバランス▶太陽光
レンズ▶ E 55-210mm F4.5-6.3 OSS
焦点距離▶ 210mm

まとめ
- 圧縮効果で奥行き方向の距離感が詰まったように写せる
- 望遠になるほどピントを合わせた被写体の前後がボケる
- 近づけない遠くの景色を近くにあるように大きく写せる

Section 05 中倍率ズームレンズを使ってみよう

Keyword 中倍率ズームレンズ

広角18mmから中望遠105mmまで約6倍のズーム域をカバーした電動ズーム搭載の高性能中倍率ズームレンズ。Gレンズの描写性能に加え、全ての領域で開放絞り値がF4.0と使いやすく、光学式手ブレ補正も内蔵。さらに電動ズームを搭載し、定速での滑らかなズームが可能で、動画撮影で活躍するレンズだ。

E PZ 18-105mm F4 G OSS

焦点距離（35mm判換算）：18-105mm（27-157.5mm相当）
開放絞り：4
レンズ構成枚数：12群16枚
フィルター径：φ72mm
最短撮影距離：0.45m（W）0.95m（T）
希望小売価格：75,000円（税別）

夕暮れの城下町の景色を広角域で撮影した。標準ズームの16mmに比べると少し画角が狭いが、広角特有の歪みが少なく自然な描写で写すことができる。また、絞りを少し絞り込むことで画面の四隅までシャープな画質になり、コントラストもあって雲の立体化もしっかり描写できた。

画像DATA
モード▶絞り優先　絞り▶F8.0　シャッター▶1/50秒
ISO▶100（ISO AUTO）　露出補正▶-0.7　ホワイトバランス▶太陽光
レンズ▶E PZ 18-105mm F4 G OSS　焦点距離▶18mm

1 近接は焦点距離80mmで撮る

公園のつる棚に密集する「ふうせんかずら」の実を寄って撮影した。一般的なズームレンズは望遠域で大きく写すが、このレンズは中間域の80mm付近が一番が大きく被写体を写すことができる。開放絞り値がF4.0なのもあり、滑らかで美しいボケのある近接撮影を楽しむことが可能だ。

画像DATA
モード▶絞り優先　絞り▶F4.0
シャッター▶1/125秒
ISO▶160（ISO AUTO）
露出補正▶-0.3
ホワイトバランス▶太陽光
レンズ▶E PZ 18-105mm F4 G OSS
焦点距離▶80mm

2 パワーズームで寄り引きの映像を撮る

水車の回る小川の景色を、約6倍のズーム域と電動ズームを活用して水車のアップから小川全体をズームしながら動画撮影した。ズーム操作は、レンズ側のレバーを使うとホールディングがしっかりする。ズームスピードもカメラ設定で調整できるので、作品のイメージに合わせて調整しよう。

画像DATA
モード▶シャッタースピード優先
絞り▶F6.3
シャッター▶1/60秒
ISO▶100（ISO AUTO）
露出補正▶0
ホワイトバランス▶太陽光
レンズ▶E PZ 18-105mm F4 G OSS
焦点距離▶16mm
その他▶ND4フィルター使用

まとめ
- 広角から中望遠まで幅広いズーム域で旅行に最適な1本
- 近接撮影はズーム中間域の焦点距離が最適
- 電動ズームを活用して滑らかな寄り引きの動画を撮る

Section 06

超広角ズームレンズを使ってみよう

Keyword 超広角ズームレンズ

標準レンズの広角側16mmよりさらに広い範囲が写せる、10mmまでをカバーしたズームレンズ。全ズーム域で開放絞り値が4.0で使用できるうえ、小型軽量を実現しながら、Gレンズの描写性能やAF性能に加えてパワーズームも搭載していて、写真撮影だけでなく動画撮影に求められる優れた操作性を備えている。

E PZ 10-20mm F4 G

焦点距離（35mm 判換算）：10-20mm（15-30mm 相当）
開放絞り：4
レンズ構成枚数：8 群 11 枚
フィルター径：φ 62mm
最短撮影距離：0.20m（AF 時）
希望小売価格：オープン価格

大銀杏の樹洞を下からあおって撮影した。樹洞をできるだけ大きめに描写することで、広角特有の遠近感で幹の広がりや立体感が強調される。こもれ日の光芒をクリアに写すために絞り値をF11まで絞り、手ブレをしないようにマニュアルでシャッタースピードの調整をした。

画像DATA

モード▶マニュアル
絞り▶ F11
シャッター▶ 1/100 秒
ISO ▶ 500（ISO AUTO）
露出補正▶ -0.3
ホワイトバランス▶オート
レンズ▶ E PZ 10-20mm F4 G
焦点距離▶ 12mm

1 海岸と雲のある広々した風景を撮る

洗濯岩がつらなる海岸と薄い雲で模様になった空をダイナミックに撮影した。足元の岩場から遠くの雲までの遠近感が強調されて、立体的な描写により臨場感のある写真が撮れた。開放絞りのF4でもシャープに写るが、絞り値を少し大きくすることで、最高にシャープでクリアな描写で写すことができる。

画像DATA
モード▶絞り優先　絞り▶F8.0
シャッター▶1/500秒
ISO▶100（ISO AUTO）
露出補正▶-0.7
ホワイトバランス▶太陽光
レンズ▶E PZ 10-20mm F4 G
焦点距離▶10mm

2 超広角レンズでダイナミックな映像を撮る

岩礁に打ち寄せる波をローアングルで撮影した。このレンズには手ブレ補正機能はついていないが、動画撮影時はアクティブモードで手ブレ補正が可能だ。ただし、焦点距離が約1.44倍になり、画角が狭くなる。せっかくのワイド感がなくなってしまうので、三脚を使ってカメラを固定し、手ブレ補正はOFFにした。

画像DATA
モード▶シャッタースピード優先
絞り▶F8.0
シャッター▶1/60秒
ISO▶100（ISO AUTO）
露出補正▶0
ホワイトバランス▶オート
レンズ▶E PZ 10-20mm F4 G
焦点距離▶10mm
その他▶ND8フィルター使用

まとめ

- 肉眼では見れないダイナミックな広がりのある写真が撮れる
- 全ズーム域で開放絞り値が使用できる
- 手ブレ補正機能が付いていないのでブレに注意する

Column 02

バルブ撮影と長秒時NRを使ってみよう

「バルブ (BULB)」とは、**シャッターボタンを押している間、シャッターが開いた状態になる機能**。打ち上げ花火や天体撮影するときなどによく利用される。手持ち撮影では手ブレが起こるため、**三脚やレリーズを使う必要がある**。また、長時間露光時には粒状ノイズが目立つようになるため、シャッタースピードが1秒より遅いときは、[長秒時NR] を [入] にするのがおすすめだ。

■バルブ撮影を設定する

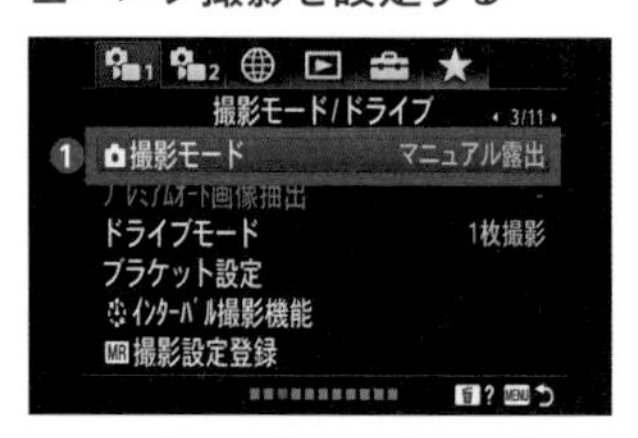

MENUボタンを押し、 3の[撮影モード] で[マニュアル露出] を選択し❶、中央ボタンを押す。

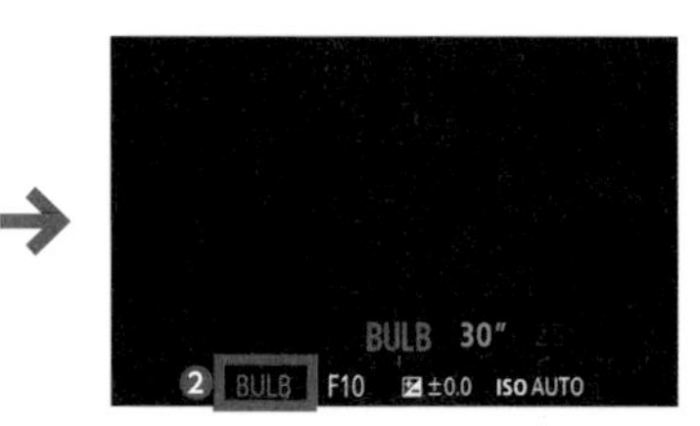

コントロールホイールを [BULB] ❷が表示されるまで左に回す。

■長秒時NRを設定する

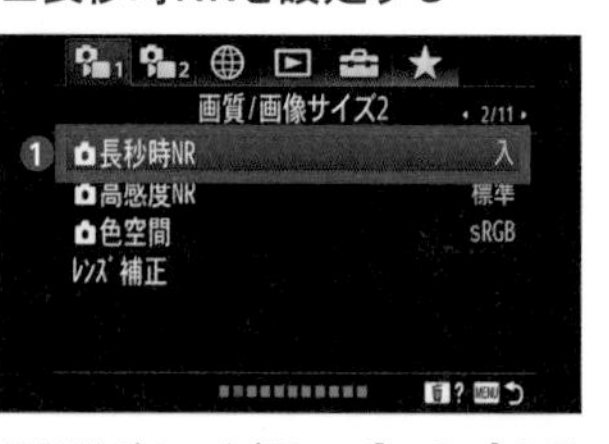

MENUボタンを押し、 2の[長秒時NR] を選択し❶、中央ボタンを押す。

▲/▼で [入] を選び❷、中央ボタンを押す。

シャッターボタンを半押しし、ピントを合わせる。シャッターボタンを押し続けて撮影する。バルブ撮影を連続して行うとカメラが熱くなりやすいので、画質の低下を避けるにはカメラの温度が下がってから撮影を再開するとよい。

Chapter

7

シーン別撮影テクニック

Section 01 室内で人物を雰囲気よく撮ろう

Keyword ホワイトバランス、露出補正、カラーフィルター、動画

室内の人物写真で重要なのは光の状態を見極めることだ。やさしい雰囲気に撮りたいときは、光が均一で顔に明暗差が少ない場所や、外光が入り全体に柔らかい光が回っている場所を選ぼう。ハードな印象にしたいときは、明暗差の強い場所やダウンライトを活用するとよい。ただし、鼻やあごの下に強い影が出ないように注意しよう。また、ホワイトバランスも大事で、肌や背景の色合いで雰囲気が違ってくるので、微調整機能も使いながらイメージに合った色合いに調整しよう。

1 窓から差し込む自然光を利用して撮る

カフェの窓際の席で外を見ている様子を撮影した。人物の左顔にダウンライトの暖色光が当たっているが、窓から差し込む自然光の方が強く、柔らかな陰影でやさしい表情が撮れた。WB設定はAWBにして[AWB時の優先設定]を[ホワイト優先]にして、肌色がナチュラルな色合いになるようにした。

画像DATA
モード▶絞り優先（A） 絞り▶F1.8 シャッター▶1/60秒
ISO▶200（ISO AUTO） 露出補正▶+0.7 ホワイトバランス▶オート
レンズ▶E 35mm F1.8 OSS 焦点距離▶35mm

2 温かみのある雰囲気の色合いで撮る

室内光のオレンジ色が肌色に色かぶりして、温かみのある色合いになるようにホワイトバランスを調整して撮影した。設定は[色温度・カラーフィルター]を使い、モニターを見ながら雰囲気の出る色温度を選択して、さらにカラーフィルターで微調整を行った。また、露出補正は通常より抑え目にすることで色かぶりが強調できる。

画像DATA
モード▶絞り優先（A） 絞り▶F1.8
シャッター▶1/60秒
ISO▶250/125/160（ISO AUTO）
露出補正▶+0.3
ホワイトバランス▶色温度 6000K A2,G1
レンズ▶E 35mm F1.8 OSS
焦点距離▶35mm

3 カフェでデート風ムービーを撮る

カフェでの会話シーンを動画で撮影した。室内撮影でフリッカー（ちらつき）がでるときは、東日本では50Hz、西日本では60Hzの倍数のシャッタースピード（1/100秒と1/125秒以下）に設定しよう。また、編集の手間を省くためには、顔の明るさや色合いをしっかり調整しておこう。

画像DATA
モード▶シャッタースピード優先
絞り▶F1.8
シャッター▶1/50秒
ISO▶320（ISO AUTO）
露出補正▶+0.3
ホワイトバランス▶オート
レンズ▶E 35mm F1.8 OSS
焦点距離▶35mm

まとめ
- 自然光と室内光のミックス光で柔らかな光で撮る
- ホワイトバランスを調整して温かみのある雰囲気を演出する
- 動画やサイレント撮影のときはフリッカーに注意する

Section 02 自然な表情のポートレートをきれいに撮ろう

Keyword　リアルタイム瞳AF、中望遠レンズ、望遠レンズ、絞り、動画

ポートレート写真で重要な点は、目にピントを合わせることと、イメージに合わせた背景を選んで、ピントの合わせる範囲を絞りで調整すること。また、肌の露出は露出補正やマニュアル露出で明るめにし、色合いはホワイトバランスで整えることも重要だ。もう1つ大事なのが、相手とのコミュニケーションだ。自分がどんなイメージで撮りたいのか、撮る範囲（画角）などを事前に伝えることで相手も動きやすくなり、趣味や今話題なことを会話しながら撮ることでリラックスした自然な表情を撮ることができる。

1 前ボケ+背景ボケでより立体感を出す

人物を浮き上がらせて立体的に見せるために、望遠レンズで手前の花と背景をぼかして撮影した。リアルタイム瞳AF機能により、人物の前に花や草木があっても、人の目にすばやく正確なピント合わせができる。薄曇りで光にメリハリがないときは、顔の明るさを明るめにすることでやさしい印象に仕上がる。

画像DATA
モード▶シャッタースピード優先　絞り▶F6.3　シャッター▶1/125秒
ISO▶100（ISO AUTO）　露出補正▶+0.7　ホワイトバランス▶オート
レンズ▶E 55-210mm F4.5-6.3 OSS　焦点距離▶210mm

2 大胆な構図で自然な表情を切り取る

アップ写真を撮るときは中望遠や望遠レンズで、顔に近づきすぎないようにほどよい距離感で撮影しよう。目にしっかりとピントを合わせることで感情が伝わる写真になるが、距離が近いと被写界深度が浅くなるので、両方の目にピントが合う程度まで絞り値を大きくすることが大事だ。

画像DATA
モード▶絞り優先（A）
絞り▶F2.8
シャッター▶1/320秒
ISO▶100　露出補正▶+0.3
ホワイトバランス▶オート
レンズ▶E 50mm F1.8 OSS
焦点距離▶50mm

3 プロフィールムービーを撮る

数カットの動画をつなぎ合わせてプロフィールムービーをつくってみた。同じ画角で連続して撮ると変化の少ない動画になってしまうので、数秒ずつ引きや寄りなどカメラワークを変えて、いろいろな表情を撮ることで変化が生まれ、見る人を飽きさせないムービーがつくれる。

画像DATA
モード▶シャッタースピード優先
絞り▶F2.8
シャッター▶1/60秒
ISO▶100　露出補正▶+0.3
ホワイトバランス▶オート
レンズ▶E 35mm F1.8 OSS
焦点距離▶35mm

まとめ
- 目のピント合わせは、リアルタイム瞳AF機能でカメラにまかせる
- アップ写真は程よい距離感と絞り調整が大切
- 動画撮影は動きをつけながら自然な表情を狙う

Section 03 セルフィーを見栄えよく撮影しよう

Keyword　商品レビュー用設定、クリエイティブスタイル、美肌効果、セルフィー撮影

きれいなセルフィー写真を撮るには、ポートレート写真と同じで「光」がポイントだ。顔に強い影ができないように、逆光や日陰の柔らかい光の場所を選ぼう。室内では窓際や間接照明のところがよい。顔の露出は明るめにして、クリエイティブスタイルや美肌効果を使えば、後処理しなくてもきれいな写真を撮ることができる。また、セルフィー撮影では［自分撮りセルフタイマー］機能を使うと便利だが、シューティンググリップを使えば自分のタイミングでかんたんにカメラを操作できる。

1 絞りをコントロールして自分とモノをクリアに撮る

パフェを片手にグルメレポートを撮影した。顔とパフェの両方にピントを合わせるために絞りを絞って写した。背景がゴチャゴチャしていて、ぼかしたいときには絞りを開けて、顔の近くにモノを近づければ両方にピントが合う。また、動画なら［商品レビュー用設定］を使えばピント合わせはかんたんだ。

Bluetoothで接続するシューティンググリップ(GP-VPT2BT)は、シャッターボタン(PHOTO／MOVIE)やズームボタンを備えていて手元でかんたんに操作ができる。

画像DATA
モード▶絞り優先　絞り▶F5.6　シャッター▶1/100秒
ISO▶400（ISO AUTO）　露出補正▶+0.3　ホワイトバランス▶オート
レンズ▶E PZ 16-50mm F3.5-5.6 OSS　焦点距離▶16mm

2 クリエイティブスタイルと美肌効果を使う

セルフィー写真をアプリで画像処理するのが面倒なときは、クリエイティブスタイルの[ポートレート]で肌色をきれいにし、[美肌効果]で滑らかな肌質に補正しよう。使用条件はあるが動画にも有効で、効果の強さを選択し、好みの設定できれいな肌に仕上げよう。

画像DATA
モード▶絞り優先　絞り▶F3.5
シャッター▶1/250秒／1/350秒
ISO▶100（ISO AUTO）
露出補正▶+0.3
ホワイトバランス▶オート
レンズ▶E PZ 16-50mm F3.5-5.6 OSS
焦点距離▶16mm

3 シューティンググリップとスマホを使いこなす

カメラWi-Fiで接続したスマートフォンで、モニタリングしながら歩くシーンを動画で撮影した。スマートフォン側で撮影のON/OFFから絞りやシャッタースピードといった基本の露出設定が可能だ。また、電動ズーム（PZ）レンズなら、画角を確認しながらズームの調整もできる。

※スマートフォンにアプリ「Imaging Edge Mobile」のインストールが必要(→P.164)。

シューティンググリップを三脚がわりにしてカメラを固定。

画像DATA
モード▶シャッタースピード優先　絞り▶F6.3　シャッター▶1/60秒
ISO▶100（ISO AUTO）　露出補正▶+0.3　ホワイトバランス▶オート
レンズ▶E PZ 16-50mm F3.5-5.6 OSS　焦点距離▶30mm

まとめ
- 撮るシーンや目的に応じてピントの合う範囲を調整する
- クリエイティブスタイルと美肌効果を使って肌をきれいに撮る
- カメラを固定し、スマートフォンを使ってセルフィー撮影する

Section 04 子どもの自然な表情を狙おう

Keyword リアルタイム瞳AF、タッチ機能、パワーズームレンズ

子どもの自然な表情を撮るコツは、声をかけてカメラ目線をもらうよりも、普段通りに親子の会話をしながら撮ることだ。カメラ位置は子どもから自分の顔が見えるように低い位置にすることで、会話もしやすくなり、カメラを意識せずに自然で無邪気な表情を撮ることができる。また、撮影アングルも子どもと同じ目線で撮れば、自然な姿や表情が撮れる。また、少し高い位置（大人目線）では、目は大きく見せて体を小さく見せる効果があり、かわいらしい印象の写真になる。

1 タッチ機能を使って正確なピント合わせ

おもちゃの間から顔を出した瞬間を捉えた。おもちゃの影に入ったりして顔認識が難しいときや、とっさにシャッターを切りたい場面では、確実に被写体を捉えるために、モニターにタッチした箇所にピントが合い、そのままシャッターが切れる[タッチシャッター]が便利だ。

画像DATA
モード▶シャッタースピード優先　絞り▶F4.0　シャッター▶1/60 秒
ISO▶1250　露出補正▶+1.0　ホワイトバランス▶オート
レンズ▶E PZ 16-50mm F3.5-5.6 OSS　焦点距離▶23mm

2 顔検出機能でシャッターチャンスを逃さず撮る

小さい子どもの行動は予測がつきづらく、突然にシャッターチャンスがくることがある。[AF時の顔/瞳優先]と[プリAF]を[入]に、フォーカスモードは[AF-C]にすることで、自動でピントを合わせながら子どもを追従することができる。撮りたい瞬間にシャッターを切れば、かわいい仕草の瞬間を逃すことなく撮ることができる。

画像DATA
モード▶シャッタースピード優先
絞り▶F5.6　シャッター▶1/60秒
ISO▶1600　露出補正▶+0.7
ホワイトバランス▶オート
レンズ▶E PZ 16-50mm F3.5-5.6 OSS
焦点距離▶50mm

3 パワーズームレンズで動きのある表情を撮る

子どもの目線に合わせて低い姿勢のときにとっさに動くのは難しい。そんなシーンでは、パワーズームレンズで寄り引きを撮ると便利だ。ズームスピードは調整ができるので遅めに設定しておこう。子どもが動いたときに追いかけやすいのと、瞬間的な表情を捉えやすくなる。

画像DATA
モード▶シャッタースピード優先　絞り▶F3.5
シャッター▶1/125
ISO▶500　露出補正▶+0.3
ホワイトバランス▶オート
レンズ▶E PZ 16-50mm F3.5-5.6 OSS　焦点距離▶50mm

まとめ
- リアルタイム瞳AFとタッチ機能でかわいい表情を撮る
- 撮影アングルを変えて、子どものさまざまな表情を捉える
- 動きのあるシーンはパワーズームレンズで撮る

Section 05

やさしいイメージで花を撮ろう

Keyword クリエイティブスタイル、コントラスト、スローモーション

花をやさしいイメージで撮るときは、逆光や薄曇りで柔らかい光が当たっている状況を選ぼう。順光で強い光が当たると陰影が強くなり力強い印象になる。ただ、太陽の方向に向かって咲く花も多くあるので、そのようなときは［クリエイティブスタイル］で、コントラストや彩度を弱めにすると柔らかい印象に撮れる。また、暗い背景は落ち着いた印象に、明るい背景はやさしく爽やかな印象になるので、背景選びにも注意しよう。

1 露出をオーバー目にしてハイキーで爽やかに撮る

キバナコスモスを逆光で花びらが透過するように撮影した。大口径レンズでピント面を一点に合わせることで、周辺がボケて遠近感が強調されて花が空にグッと伸びる感じを出すことができる。また、コントラストを弱めに、露出をオーバー気味にすることで、明るく爽やかな印象の写真が撮れる。

画像DATA
モード▶シャッタースピード優先　絞り▶F1.4　シャッター▶1/4000秒
ISO▶100（ISO AUTO）　露出補正▶+0.7　ホワイトバランス▶太陽光
レンズ▶E 15mm F1.4 G　焦点距離▶15mm

2 前ボケを使ってふんわりしたイメージに撮る

花の手前にある葉っぱを前ボケにして、天然のソフトフィルターをつくった。ソフト効果はレンズ前面に近いほど柔らかい描写になり、距離感の調整が重要だ。ボカしは画面全体にかからないように、また、ピントの合った「しべ」の部分が強くならないようにするのもポイントだ。

画像DATA
モード▶シャッタースピード優先　絞り▶F6.3
シャッター▶1/80秒
ISO▶200
露出補正▶+0.7
ホワイトバランス▶太陽光
レンズ▶E 55-210mm F4.5-6.3 OSS
焦点距離▶210mm

3 そよ風に揺れる花をスローモーションで撮る

順光でカリっとした感じだったが、棚田を背景に撮りたいこともあり、太陽が雲に隠れたタイミングで撮影した。さらに、クリエイティブスタイルの［コントラスト］を弱めて柔らかい描写に調整した。風でそよぐ花をスローモーションにすることで、印象的な映像になる。

画像DATA
モード▶絞り優先
絞り▶F5.6
シャッター▶1/125秒
ISO▶125（ISO AUTO）
露出補正▶0
ホワイトバランス▶太陽光
レンズ▶E PZ 18-105mm F4 G OSS
焦点距離▶50mm

まとめ
- コントラストや彩度を弱くしてハイキーで爽やかな写真を撮る
- 花や葉を使った天然のソフトフィルターで撮る
- スローモーションで印象に残る動画を撮る

Section 06 動き回る犬にピントを合わせ続けよう

Keyword 望遠ズーム、広角ズーム、シャッタースピード、連続撮影、リアルタイム瞳AF、スローモーション動画

愛犬が元気よく走り回る姿を撮るときは、目にピントを合わせることはもちろんのこと、カメラアングルが大事だ。基本は犬の目線で撮ること。立った位置だと頭部から背中が目立ち、顔の表情がわかりにくくなる。一方、犬の目線で低い位置から水平に撮ることで、顔の表情もはっきりわかり、走る姿をかっこよく撮れる。動きの速いときは望遠ズームで追従しながら、ちょこちょこ走るようなときは広角ズームで寄ることで、臨場感あふれる映像が撮れる。

1 被写体認識AF［動物］を使って撮る

走ってくる愛犬を動きを止めてブレないように撮るには、速いシャッタースピードが必要だ。シャッタースピード優先モードで1/1000秒に設定した。連続撮影とリアルタイム瞳AFで検出対象を［動物］にしておけば追随してくれるので、複雑な動きであっても愛犬を捉えることができる。

画像DATA
モード▶シャッタースピード優先　絞り▶F6.3　シャッター▶1/1000秒
ISO▶640（ISO AUTO）　露出補正▶0　ホワイトバランス▶太陽光
レンズ▶E 55-210mm F4.5-6.3 OSS　焦点距離▶210mm

2 広角レンズで接近して撮る

広角レンズで近寄って撮影すると、犬のかわいらしさが際立つ。犬の目線やローアングルで下から見上げるように写すと元気あふれる様子が撮れて、上から見下ろすと大人しい印象に撮ることができる。また、広角の方が景色を入れやすくなるので、散歩の雰囲気などを演出するのにも最適だ。

画像DATA
モード▶シャッタースピード優先　絞り▶F4.5
シャッター▶1/500秒
ISO▶100（ISO AUTO）
露出補正▶-0.3
ホワイトバランス▶太陽光
レンズ▶E PZ 10-20mm F4 G
焦点距離▶20mm

3 スローモーションで印象的な動画を撮る

犬と一緒に走りながらスローモーション動画を撮影した。映像をスローモーションにすることで、肉眼では見ることのできないかわいい純粋な表情や筋肉の動きなどを捉えることができる。シャッタースピードの設定は通常の動画撮影のときより速めに設定して、動きを止めるように撮ろう。

画像DATA
モード▶シャッタースピード優先　絞り▶F4.5
シャッター▶1/250秒
ISO▶100（ISO AUTO）
露出補正▶0
ホワイトバランス▶太陽光
レンズ▶E PZ 10-20mm F4 G
焦点距離▶20mm

まとめ
- 連続撮影とリアルタイム瞳AFでシャッターチャンスを捉える
- 広角レンズで近接撮影で愛くるしい表情を撮る
- スローモーションで表情や動作のかわいさが倍増する

Section 07 少しの工夫でレベルアップした風景を撮ろう

Keyword　広角レンズ、中望遠レンズ、前ボケ

風景撮影においてレンズワーク（レンズ選び）はとても大事だ。同じ景色でも広角と望遠では全く違う風景が撮れる。広角レンズを使うと画面全体をシャープにしたパンフォーカス写真が多くなるが、ボケを活かしながらワイド感を出してもよい。また、望遠レンズを使うときは景色を「前景、中景、遠景」の3つに分けて、主体をどの部分に配置するかを決めて、ほかの部分をぼかして引き立てるか、もしくは全体をシャープに撮るかを決めて景色を切り取ると、バランスのよい風景が撮れる。

1 広角レンズでワイドな風景を撮る

広角の大口径単焦点レンズで実りの穂を撮影した。標準ズームレンズの広角域は絞り開放でもF3.5 ～ F4.0で被写界深度があるので、開放絞り値がF1.4やF1.8のレンズを使おう。主体に近づくことで背景のボケ描写は大きくなり、実りで頭を垂れる稲穂が広がる風景が撮れた。

画像DATA
モード▶絞り優先　絞り▶F1.4　シャッター▶1/4000秒　ISO▶50
露出補正▶0　ホワイトバランス▶太陽光　レンズ▶E 15mm F1.4 G
焦点距離▶15mm

2 前ボケを使って風景の一部を引き立たせる

中望遠ズームレンズの望遠域を使い、コスモスの花を前ボケに棚田の景色を切り取った。前ボケがないと平凡な風景になるところを、奥行きが出てやさしい雰囲気が加わった。前ボケのボケ具合はレンズ前面との距離で変わってくるので、イメージに合わせて撮影位置を探すことが大事だ。

画像DATA
モード▶絞り優先
絞り▶F4.0
シャッター▶1/2000秒
ISO▶100
露出補正▶-0.3
ホワイトバランス▶太陽光
レンズ▶E PZ 18-105mm F4 G OSS 焦点距離▶105mm

3 棚田の稲刈り風景を撮る

棚田の稲刈りで稲の束を天日干しする「はざ掛け」を動画で撮影した。広角で全体を写すと画面の周辺に余計なものが多く写ってしまうので、はざ掛けの部分をクローズアップし、カメラをパンさせながら撮った。広い風景を撮るときは、主体を中心にカメラを動かして撮ろう。

画像DATA
モード▶絞り優先
絞り▶F5.6
シャッター▶1/80秒
ISO▶100（ISO AUTO）
露出補正▶0
ホワイトバランス▶太陽光
レンズ▶E PZ 18-105mm F4 G OSS
焦点距離▶85mm

まとめ
- 大口径レンズで被写体の一点にピントを合わせて引き立たせる
- 望遠レンズでボケ効果を使いながら風景の一部分を切り取る
- 広い風景はカメラをパン（横に移動）しながら表現する

Section 08

特徴を捉えて自然風景を撮影しよう

Keyword 広角レンズ、超広角レンズ、露出補正、フィルター、動画、ISO感度

美しい風景を撮るときは、どこを見てどのように感動したかを意識して撮ろう。同じ景色でも人によって感動するポイントは違ってくるので、その部分をレンズワークや構図、露出に色合いなどを駆使して自分なりに表現しよう。中でも構図は後からは変更できない。主体を配置する場所や地平線の位置は写真の印象を大きく左右する。風景写真の構図は余計なものも排除していく「引き算」が基本だが、広角レンズによる撮影では主体を引き立たせる要素を「足す」ということも大事な要素だ。

1 星空（天の川）と岩場を一緒に撮る

対象物となる岩場を入れながら奥行き感のある星景写真を撮影した。真っ暗な岩場は灯台の光が照らしてくれたので、露出がオーバーにならないように光の回ってくる秒数に合わせてシャッタースピードを決めた。光害光カット＋ソフト効果フィルターを使い、メリハリのついた星空写真に仕上げた。

画像DATA
モード▶マニュアル　絞り▶F1.4　シャッター▶1/10秒　ISO▶1000
露出補正▶0　ホワイトバランス▶オート　レンズ▶E 15mm F1.4 G
焦点距離▶15mm　その他▶Kenko スターリーナイト プロソフトン使用

2 千畳敷の海岸を超広角レンズで表現する

超広角レンズを使うときは、地平線の歪みを極力なくして広がりと奥行き感を表現しよう。地平線は画面の四隅に置くと湾曲するので、画面の上から1/4あたりに配置し、空を入れて遠近感を出した。また、広大な岩棚が見えるカメラアングルを見つけて撮影した。

画像DATA
モード▶絞り優先
絞り▶F8.0
シャッター▶1/640秒
ISO▶100（ISO AUTO）
露出補正▶-1.0
ホワイトバランス▶太陽光
レンズ▶E PZ 10-20mm F4 G
焦点距離▶10mm

3 満月が昇る様子を望遠で捉える

大きな満月（スーパームーン）だけを撮ると平面的で単調な映像になるので、港の景色と一緒に撮ることで月の大きさを対比させた。橋まで距離があって月も被写界深度内に入るので、ピントは橋に合わせた。絞り値とシャッタースピードは固定で、ISO感度を[ISO AUTO]にして、月の明るさによる露出の変化に対応した。

画像DATA
モード▶マニュアル
絞り▶F6.3
シャッター▶1/8秒
ISO▶4000（ISO AUTO）
露出補正▶0
ホワイトバランス▶太陽光
レンズ▶E 55-210mm F4.5-6.3 OSS
焦点距離▶210mm

まとめ
- 月や星を撮るときは対象物になる景色を入れて撮る
- 水平線や地平線は歪みや傾きが出ないように注意する

Section 09 ひと味違うスナップに挑戦しよう

Keyword 超広角レンズ、クリエイティブスタイル、コントラスト、ホワイトバランス

スナップとは、日常の出来事や景色、人物などをありのまま捉えた作品のことだ。そんなありふれた光景を非日常的な世界に変えてくれるのが、超広角レンズ特有の描写力だ。被写体に近づいて撮ることで、被写体は大きく強調されて写り、広い範囲を写せるのでどんな場所、状況なのかを説明しやすくなる。被写体との距離やアングル、角度を変えて空間を演出しながら構図をつくることがポイントだ。また、コントラストや色合いを誇張して味付けをしてみよう。

1 超広角で遠近感を強調させて撮る

町の通りで見かけたレンガづくりの風呂釜を超広角レンズで撮影した。ローアングルで独特の広がりと遠近感を生み出して、非日常のワンシーンになった。古びた感じを出すために[クリエイティブスタイル]の[コントラスト]と[彩度]をプラスにして、色濃くカリッとした描写に仕上げた。

画像DATA
モード▶絞り優先　絞り▶F5.6　シャッター▶1/400秒　ISO▶100
露出補正▶−0.7　ホワイトバランス▶太陽光 B2,M4
レンズ▶E PZ 10-20mm F4 G　焦点距離▶10mm

2 トワイライトシーンをホワイトバランスで演出

大口径広角レンズを絞り開放で、フェンスに近寄り遠景にピントを合わせた。レンズに近いところはボケ描写となり、遠景はシャープに撮れる。ホワイトバランスは、工場夜景の色合いが強調される[太陽光]にして、[カラーフィルター]で空の色合いが青紫色に見えるように調整した。

画像DATA
モード▶絞り優先
絞り▶F1.4
シャッター▶1/30秒
ISO▶400（ISO AUTO）
露出補正▶0
ホワイトバランス▶太陽光
レンズ▶E 15mm F1.4 G
焦点距離▶15mm

3 [クリエイティブスタイル]の[セピア]で古い街並みをレトロに撮る

古い街並みに残る日差しや雪から人を守るアーケード（小見世（こみせ））を歩きながら撮影した。標準ズームレンズの広角域で撮ることで、狭い通りを広く見せて遠近感を強調した。また、レトロ感を演出するために[クリエイティブスタイル]を[セピア]にした。

画像DATA
モード▶シャッタースピード優先　絞り▶F3.5
シャッター▶1/125秒
ISO▶250（ISO AUTO）
露出補正▶+0.3
ホワイトバランス▶オート
レンズ▶E PZ 16-50mm F3.5-5.6 OSS　焦点距離▶16mm

まとめ
- 広角レンズ特有の広がりと遠近感を使って撮る
- ホワイトバランスやクリエイティブスタイルで色合いや雰囲気を強調して演出する

Section 10 電車・車の疾走感を表現しよう

Keyword シャッタースピード、ピント、サイレント撮影、広角レンズ

疾走感を表現する方法の1つに「流し撮り」がある。シャッタースピードを1/60秒以下にして、被写体の動きに合わせてカメラを動かしながら撮影する。被写体は止まって周りはブレて描写されることで躍動感ある作品が撮れる。焦点距離や被写体の速さや撮影距離などによって、最適なシャッタースピードは変わるので、自分なりのよい塩梅を見つけよう。シャッタースピードが遅くなると手ブレを起こしやすくなるので、手ブレ補正があるレンズを使おう。

1 街中を走る車を流し撮りで表現する

街中を走るバスを流し撮りした。対向車も写り込んだことで躍動感の増した写真が撮れた。ピントはフォーカスエリアを[ゾーン]にして、バスの進行方向側に配置する。連続撮影のときに絞り値がF11より大きいと、1枚目のピント位置に固定されるので、NDフィルターを使って絞り値が小さくなるように調整しよう。

画像DATA
モード▶シャッタースピード優先　絞り▶F8.0　シャッター▶1/30秒
ISO▶100　露出補正▶0　ホワイトバランス▶太陽光　レンズ▶E PZ 16-50mm F3.5-5.6 OSS　焦点距離▶16mm　その他▶ND8フィルター使用

2 車内から車窓の景色を流し撮りする

運転台から外の景色を流し撮りして、疾走感を出してみた。低速シャッターに設定したために絞り値は大きくなったが、運転台から外の景色までピントを合わせたかったので、そのまま撮影した。車内の撮影ではシャッター音がうるさくなるため、サイレント撮影が有効だ。

画像DATA
モード▶シャッタースピード優先　絞り▶F18
シャッター▶1/15秒
ISO▶100
露出補正▶-0.3
ホワイトバランス▶太陽光
レンズ▶E PZ 16-50mm F3.5-5.6 OSS
焦点距離▶18mm

3 電車の通過シーンを広角レンズで撮る

電車の通過シーンでは、広角レンズを使うと車体全体を入れやすく迫力のある映像が撮れる。ピントはマニュアルフォーカスにして置きピンにしよう。AFだと風景に電車にとピントが行ったり来たりして落ち着かない映像になる。絞りは少し絞って被写界深度を深めに設定しておこう。

画像DATA
モード▶シャッタースピード優先　絞り▶F7.1
シャッター▶1/125秒
ISO▶125（ISO AUTO）
露出補正▶+0.3
ホワイトバランス▶太陽光
レンズ▶E PZ 16-50mm F3.5-5.6 OSS
焦点距離▶16mm

まとめ
- 晴天時の流し撮りはNDフィルターで絞り値を調整しよう
- 流し撮りは手ブレ補正機能付きのレンズを使う
- 動画で電車の通過シーンを撮るときは置きピンで撮る

Section 11 夜景を美しく撮影しよう

Keyword 長秒時NR、ホワイトバランス、長秒時露光、クイックモーション

きれいに見える夜景写真は、ノイズを抑えて滑らかな画質に撮ることだ。ノイズはシャドー部に出やすくRGB色の点やザラついた模様ができて、空のグラデーションや建物などの再現性が損なわれる。また、ISO感度が低くても露光時間が長くなるとノイズが出ることもある。ZV-E10の設定では［長秒時NR］が「入」の状態になっており、シャッタースピードが1秒より遅くなると自動的にかかるので安心だ。また街の灯りやイルミネーションの光で、空や被写体に色かぶりすることがあるので、ホワイトバランスをイメージに合わせて調整しよう。

1 ホワイトバランスで都会感を演出

ビル群とその奥に広がる住宅街を切り取った。奥の方までピントを合わせてシャープに写すために、絞りを絞ってマニュアルフォーカスでピント調整をした。また、都会感の冷たい雰囲気になるように、液晶画面で確認しながらホワイトバランスの色温度を選択した。

画像DATA
モード▶マニュアル　絞り▶F8.0　シャッター▶15秒
ISO▶160（ISO AUTO）　露出補正▶+1.0　ホワイトバランス▶色温度3000K
レンズ▶E PZ 16-50mm F3.5-5.6 OSS　焦点距離▶22mm

2 海の鏡面と雲の流れを撮る

港の景色を長時間露光で撮影した。海面に映り込んだライトアップの光が鏡面のように輝き、風で流れる雲が幻想的に写る。露光時間を長くすると、目で見たものと違う世界が演出できる。露出が昼間の撮影のときよりアンダーになるので、プラス補正で調整しよう。

画像DATA
モード▶絞り優先
絞り▶ F8.0
シャッター▶ 30 秒
ISO ▶ 100
露出補正▶ +1.7
ホワイトバランス▶オート
レンズ▶ E PZ 16-50mm F3.5-5.6 OSS
焦点距離▶ 16mm
その他▶ ND8 フィルター使用

3 クイックモーションでノイズを抑えた夜景動画を撮る

クイックモーションでは、シャッタースピードを最大1秒まで長くできるので、絞りを絞った撮影でも、ISO感度を上げることなくノイズの少ないきれいな夜景撮影ができる。イルミネーションなどの動く光は流れるように写るので、明るくきらびやかな印象になる。

画像DATA
モード▶マニュアル
絞り▶ F5.6
シャッター▶ 1/2 秒
ISO ▶ 500（ISO AUTO）
露出補正▶ +0.3
ホワイトバランス▶オート
レンズ▶ E PZ 16-50mm F3.5-5.6 OSS
焦点距離▶ 16mm

まとめ
- ホワイトバランスの調整で雰囲気を演出して撮る
- 長時間露光で幻想的な夜景を撮る
- 夜景動画はクイックモーションを使うとノイズレスできれいに撮る

Column 03

シーンセレクションで撮ろう

シーンセレクションとは、撮影状況に合わせたシーンを選択するだけで、カメラがそのシーンに合わせた設定を自動で行ってくれるモードだ。絞りやシャッタースピード、ホワイトバランスや画質までシーンに合わせてコントロールしてくれる。撮影状況によって最適な撮影設定がわからずイメージした写真を撮れないときなど、カメラがそのシーンに合わせた設定を自動で行ってくれるので、悩んだときは使ってみよう。

■シーンの種類

ポートレート	人物を主な被写体にするときに最適。背景をぼかすことで人物を際立たせ、肌の質感も柔らかに仕上げる。
スポーツ	シャッタースピードを高速にすることで、動く被写体を止まったように撮ることができる。
マクロ	花や料理などの被写体に近づいてもピントを合わせることができる。
風景	手前から奥までピントを合わせることができ、風景をくっきりと鮮やかな色に仕上げる。
夕景	夕焼けや朝焼けなどの赤味を美しく仕上げ、空の色を美しく撮ることができる。
夜景	暗い夜の雰囲気を損なわず、夜景を美しく撮ることができる。
手持ち夜景	三脚を使わずに夜景をきれいに撮る。連写で画像を合成し、被写体ブレ、手ブレ、ノイズが軽減される。
夜景ポートレート	外部フラッシュを発光して、夜景を背景に人物を撮る。外部フラッシュを取りつける必要がある。
人物ブレ軽減	外部フラッシュを使わずに室内で人物をきれいに撮る。連写で画像を合成し、被写体ブレやノイズが軽減される。

■シーンセレクションの設定方法

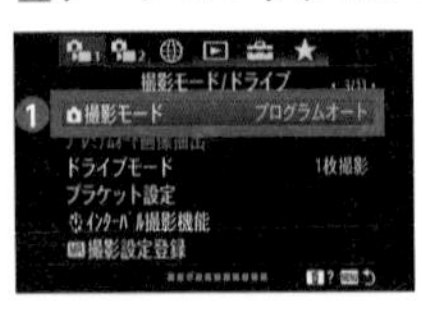

MENUボタンを押し、[icon]3の[撮影モード]を選択し❶、中央ボタンを押す。

▲▼を押してシーンセレクションを選択する❷。

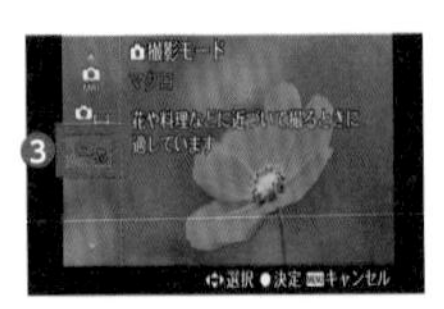

◀▶を押して任意のシーンを選択し❸、中央ボタンを押す。

Chapter

8

スマホやパソコンと連携しよう

Section 01 Imaging Edge Mobileでスマホに転送しよう

Keyword スマートフォン、Imaging Edge Mobile、転送

ZV-E10には、Wi-FiとBluetoothが内蔵されている。スマートフォン用アプリ「Imaging Edge Mobile」でZV-E10と接続すると、スマートフォン上で撮影やファイルの転送ができるようになる。

1 Imaging Edge Mobileを準備する

Imaging Edge Mobileは、iOS版はApp Store、Android版はGoogle Playからダウンロードできる。あらかじめスマートフォンにインストールしておこう。スマートフォンとZV-E10の接続には、QRコードの読み取りによる接続方法と、SSIDによる接続方法がある。また、スマートフォンとZV-E10を一度接続すれば、登録情報が残るので、次回以降はかんたんにスマートフォンと接続できるようになる。

2 スマートフォンと接続する準備をする

スマートフォンとZV-E10の接続は、QRコードの読み取りやSSID、ワンタッチ接続（NFC）を使用する。まずは接続の準備をしよう。一度カメラとスマートフォンを接続すると、それ以降はかんたんに接続できるようになるので便利だ。

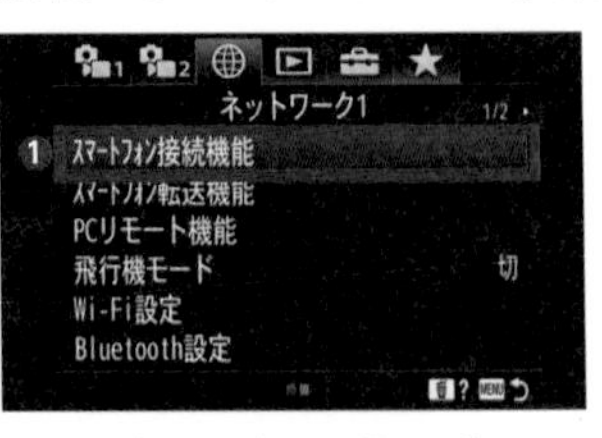

MENUボタンを押し、🌐1の［スマートフォン接続機能］を選択する❶。

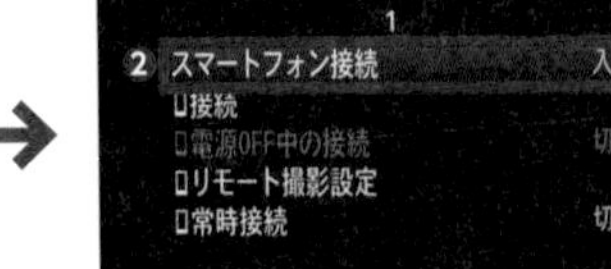

［スマートフォン接続］を［入］にする❷。これで、スマートフォンからの接続ができるようになる。

3 QRコードで接続する

カメラのモニターにQRコードを表示し、それをスマートフォンで読み取ることでかんたんに接続できる。まずはQRコードで接続し、うまくいかない場合はSSIDやワンタッチ接続（NFC）を試すとよい。

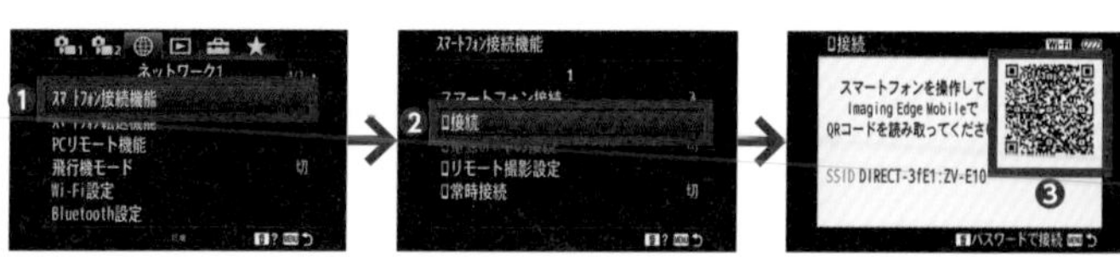

MENUボタンを押し、🌐1の［スマートフォン接続機能］を選択する❶。

［接続］❷を選択する。

カメラの画面にQRコードが表示される❸。次にスマートフォンの操作に移る。

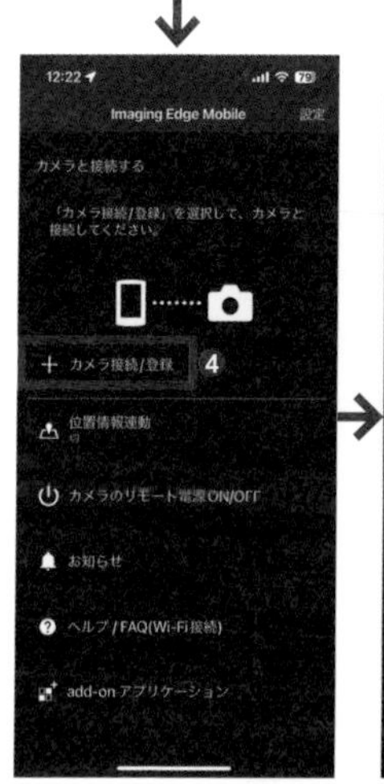

スマートフォンでImaging Edge Mobileを起動して、［カメラ接続/登録］をタップする❹。

［QRコード読取り］❺をタップして、カメラに表示されているQRコードを読み取る。

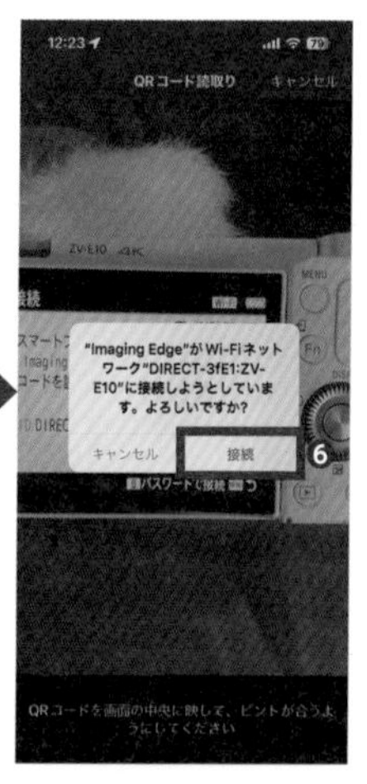

スマートフォンの画面に接続確認画面が表示され、［接続］❻をタップすると、カメラとスマートフォンが接続される。

4 SSIDによる接続

QRコードの読み取りでうまくいかない場合は、カメラのモニターに表示されたSSIDとパスワードを入力することで、スマートフォンとカメラを接続することもできる。

P.165の方法でQRコードを表示し、ボタンを押す。

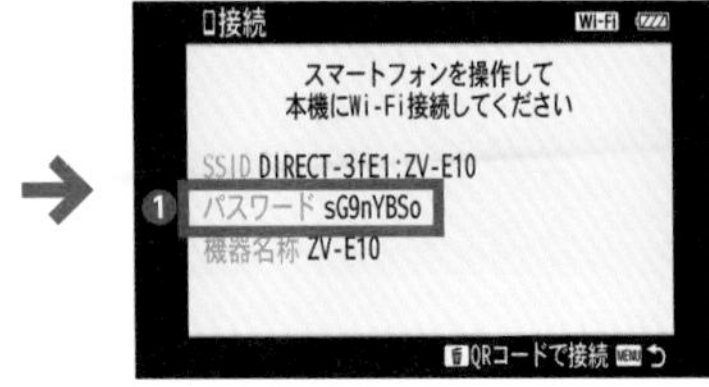

パスワード❶が表示される。次にスマートフォンの操作に移る。

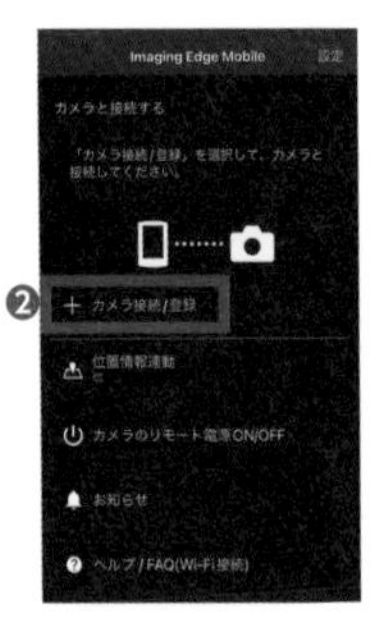

スマートフォンでImaging Edge Mobileを起動して、[カメラ接続/登録]をタップする❷。

接続方法の選択画面になるので、[カメラのSSID/パスワードで接続する]をタップする❸。

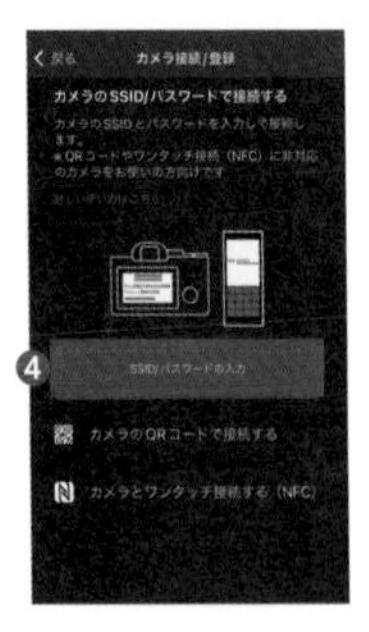

[SSID/パスワードの入力]をタップする❹。

SSIDとパスワードの入力画面になるので、カメラの画面に表示されているSSIDとパスワードを入力し❺、[接続]❻をタップするとカメラとスマートフォンが接続される。

5 スマートフォンにファイルを転送する

カメラとスマートフォンを接続すると、写真や動画のファイルもかんたんに転送できるようになる。出先でパソコンがない状態でもスマートフォンにファイルを送れるので、旅行先などでも友だちとすぐシェアすることも可能だ。

［カメラ内画像の取り込み］をタップする❶。

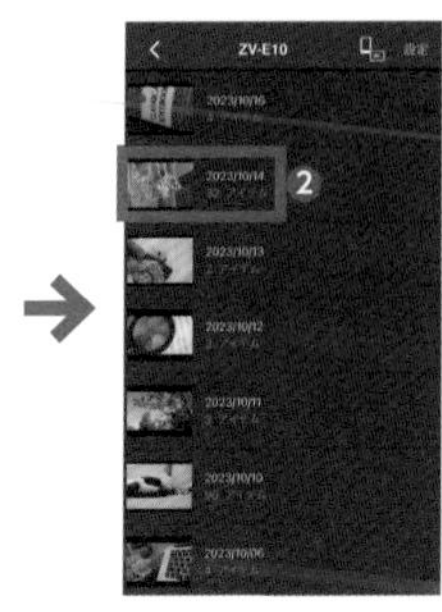

撮影した日付ごとに表示されるので、転送したい写真が入っている日付のフォルダをタップする❷。

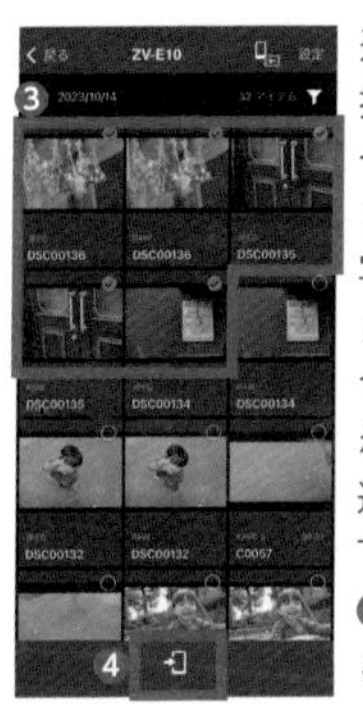

選択した日付に撮影した写真が一覧表示される。転送したい写真の右上にある○をタップしてチェックを入れる❸。写真を選び終えたら、下の転送マーク❹をタップする。

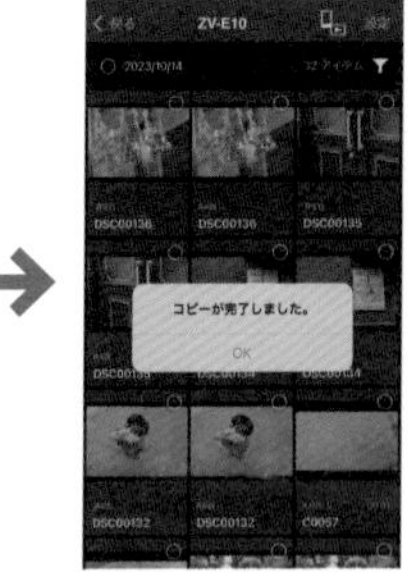

スマートフォンへの転送が開始される。完了すると、選択した写真がスマートフォンのアルバム内に保存される。

まとめ

- スマートフォンにImaging Edge Mobileをインストールすると、ワイヤレスでかんたんに写真を転送できる
- QRコードやSSID、ワンタッチ接続（NFC）で接続する
- 転送する写真はタップして選ぶことができる

Section 02 スマホをリモコンとして使おう

■ Keyword リモート撮影

Imaging Edge Mobileをインストールしてカメラとスマートフォンを接続することで、リモート撮影が可能となる。別売りのリモコンを用意しなくても、スマートフォンで画像を確認しながらリモート撮影ができるので便利だ。

1 リモート撮影を知る

カメラから離れ、遠隔でシャッターを切ることをリモート撮影という。リモート撮影は、撮影者を含む記念撮影や、シャッターを切る際のわずかなブレが気になる夜景撮影や星空写真でおすすめの機能だ。スマートフォン上でカメラの設定も変更できるので、離れているカメラまで移動する必要もない。ライブビューで画角なども確認できるので、画面から見切れてしまう人がいないか確認が必要な集合写真では便利だ。撮影モードからは、静止画／動画／ S&Qの切り換えもすることができる。

2 リモート撮影をする

まずはP.165の手順でカメラとスマートフォンを接続する。その後にImaging Edge Mobileでの操作に移る。

カメラとスマートフォンを接続し、リモート撮影❶をタップする。

スマートフォンにライブビュー画像が表示される。任意で撮影設定などを変更し、シャッターボタン❷をタップして撮影する。

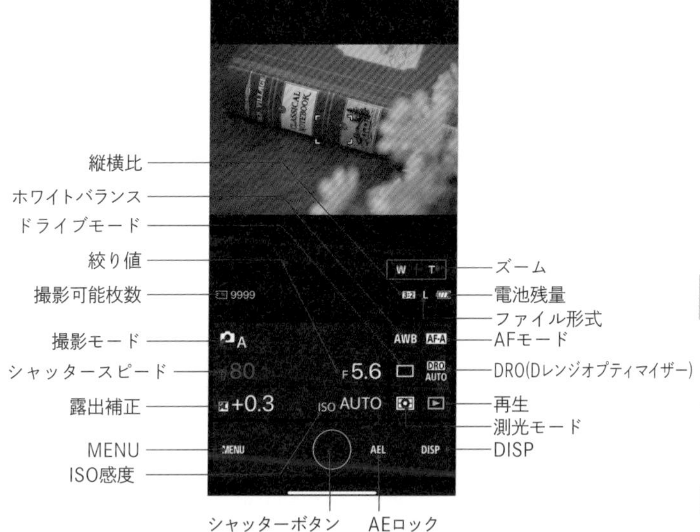

まとめ

- リモート撮影ならシャッターを押す際のブレも防ぐことができる
- 離れた場所から撮影設定の変更や画角の確認ができる

Section 03

Master Cutで動画を編集しよう

Keyword Creators' Cloud、 Master Cut、 手ブレ補正、 音の補正

動画を撮ったら、パソコンで補正してみよう。ソニーの無料アプリMaster Cutでかんたんに手ブレや音の補正ができる。Master Cutを使用するにはCreators' Cloudの登録が必要なので、まずはCreators' Cloudに登録しよう。

1 Creators' Cloudとは

Creators' Cloudは、カメラで撮影した動画・静止画をアプリからかんたんに転送し、ストレージで保存や編集を行うことができるほか、コミュニティ機能を兼ね備えた、新しいクラウドサービスだ。ソニー製のカメラを持っていれば25GBまで無料で使え、有料で容量を増やすことも可能だ。

Creators' Cloudには大きく分けてShoot、Edit、Inspireの３つの機能がある。登録は無料なのでうまく活用するとよいだろう。

2 Master Cutとは

Master Cutは、カメラメタデータとクラウドAIにより、かんたんな操作で動画編集できる優れものだ。Creators' Cloudに登録できるとMaster Cutが使用できるようになる。現在はまだBeta版での公開だが、正式に公開された後もデータは残るので心配ない。

動画の手ブレ補正や環境音の低減、音声の調整がかんたんな操作で編集できるMaster Cut。

3 Master Cutで補正する

Master Cutでは、新しくつくる動画をプロジェクト、素材となる動画をクリップと呼んでいる。2023年11月時点ではBeta版なので、正式に公開されるものと多少操作画面が違う場合がある。

ホーム❶から、[新規プロジェクト作成]❷をクリックする。

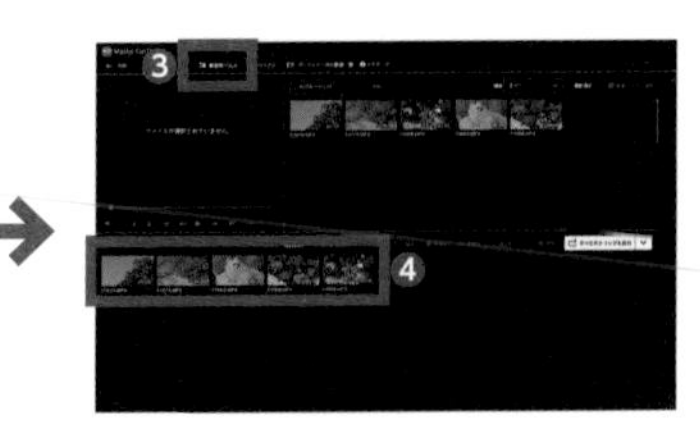

[動画取り込み]❸から素材となる動画を取り込む。取り込んだものを❹にドラッグ&ドロップする。

■手ブレ補正

補正したいクリップを選び❶、[手ブレ補正]❷をクリックする。スライダー❸が表示されるので手ブレの大きさによって調整し、再生❹で補正した動画を確認する。ただし、補正値が大きいとトリミングされる部分も大きいので注意が必要だ。

■音の補正

補正したいクリップを選び❶、[音補正]❷をクリックする。音❸をクリックすると音声、環境音、風音、その他のスライダー❹が表示されるので、編集したい項目をポインターを動かして調整する。調整した音は再生❺をクリックすると確認することができる。

まとめ

- Creators' Cloudに登録するとクラウドストレージやMaster Cutが使用できる
- Master Cutは手ブレ補正や環境音の低減、音声の調整などができる

Section 04

インターバル撮影を活用してタイムラプス動画をつくろう

Keyword インターバル撮影、 Imaging Edge Desktop

タイムラプス動画とは、設定した時間ごとに撮影した連続写真をつなげた動画のことだ。Imaging Edge Desktopを使えば、インターバル撮影（→P.116）した静止画をつなげてタイムラプス動画を作成することができる。夕暮れの空の変化や、人の流れなどを連続撮影してタイムラプス動画にすると、早送りのような動画にすることができる。

1 タイムラプス動画を作成するには

ZV-E10にはインターバル撮影機能が搭載されており、一定間隔で連続した写真を撮ることができる。ただしカメラだけでは、それをつなげて動画にすることはできない。インターバル撮影した静止画をつなぐには、パソコン用ソフトのImaging Edge Desktopをインストールする必要がある。RAWデータの現像にも使用できるので、本格的に写真や動画を楽しみたいのであればインストールしておくとよい。

インターバル撮影

まずは、ZV-E10でインターバル撮影する。夕景や夜景、星空や人や車が行き交う道路など時間の経過を感じさせる写真を撮ろう。普段の撮影と違って、撮影時間や撮影回数が多くなるので、バッテリーの残量やメモリーカードの空き容量には注意が必要だ。

Imaging Edge Desktop

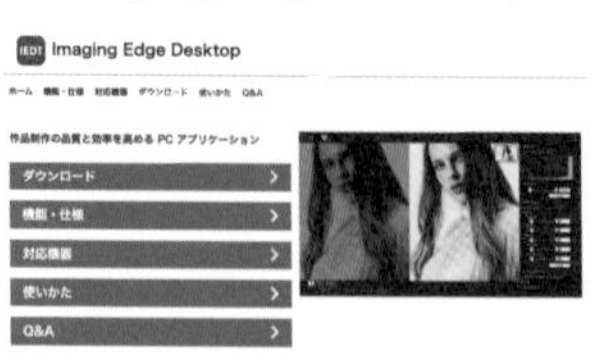

ソニーのサイトから無料でダウンロードできるパソコン用のソフトウェアの1つ。インターバル撮影からタイムラプス動画を作成できるだけでなく、RAW画像を調整して写真を仕上げたり、リモート撮影をしたりすることができる。

2 インターバル撮影をする

インターバル撮影では、撮影間隔、撮影回数、シャッタースピードなどを、被写体、撮影シーンに合わせて設定する。夕景タイムラプスなど緩やかに変化する被写体では、撮影間隔が遅い8～10秒程度がおすすめ。車が行き交う様子のタイムラプスなどでは、撮影間隔・シャッタースピードを速く設定するのがおすすめだ。タイムラプス動画にRAWは使用できないので、ファイル形式はJPEGに変更しておこう。

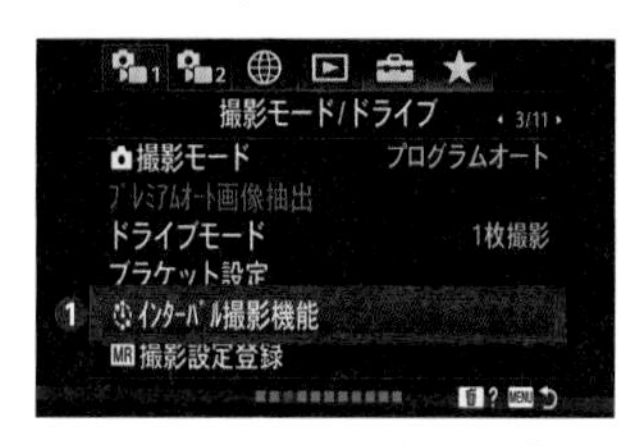

MENUボタンを押し、3の［インターバル撮影機能］を選択する❶。

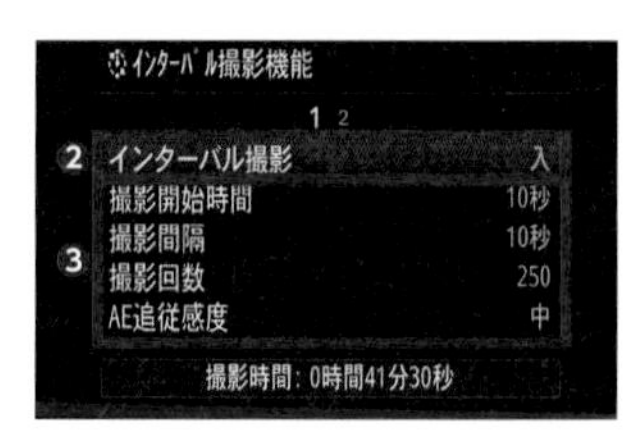

［インターバル撮影］を［入］にする❷。被写体や撮影シーンに合わせて設定を変更していく❸。

インターバル撮影	インターバル撮影を行うかどうかを設定する（［入］／［切］）。
撮影開始時間	シャッターボタンを押してからインターバル撮影を開始するまでの時間を設定する（1秒～ 99分59秒）。
撮影間隔	インターバル撮影の撮影間隔（露光開始から次の撮影の露光開始までの時間）を設定する。（1秒～ 60秒）。
撮影回数	インターバル撮影の撮影回数を設定する（1回～ 9999回）。
AE追従感度	インターバル撮影中の明るさの変化に対する自動露出の追従感度を設定する。［低］に設定すると、インターバル撮影中の露出の変化が滑らかになる（［高］／［中］／［低］）。
インターバル時サイレント撮影	インターバル撮影中にサイレント撮影を行うかどうかを設定する（［入］／［切］）。
撮影間隔優先	露出モードが［プログラムオート］または［絞り優先］のときに、シャッタースピードが［撮影間隔］で設定した時間より長くなる場合に撮影間隔を優先するかどうかを設定する（［入］／［切］）。

3 Imaging Edge Desktopをインストールする

Imaging Edge Desktopは、ソニーのサイトから無料でダウンロードできるパソコン用ソフトウェアシリーズの1つ。Remote、Viewer、Editの3つのソフトウェアに分かれており、それぞれできることが違う。タイムラプス動画を作成する際はViewerを使用する。

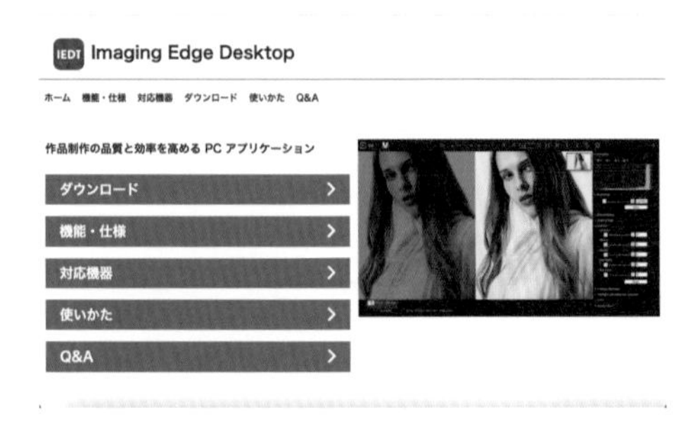

https://support.d-imaging.sony.co.jp/app/imagingedge/ja/ へアクセスすると、無料でダウンロードできる。

■Imaging Edge Desktopの3つの機能

Remote	カメラとパソコンをUSBケーブルで接続し、パソコンでリモート撮影ができる。パソコンから撮影設定を変えることも可能。
Viewer	画像の閲覧や検索、タイムラプス動画の作成ができる。
Edit	シャープネスやホワイトバランスなど、RAW画像を細かく編集し、仕上げることができる。JPEGまたはTIFFなどの画像データへの現像もここで行う。

4 タイムラプス動画を編集する

Imaging Edge Desktopをインストールしたら、インターバル撮影した静止画を使ってタイムラプス動画を作成することができる。Imaging Edge Desktopで作成する動画の縦横比は16：9のため、静止画の撮影時に縦横比を変更しておくのがおすすめだ。ここではMac版で解説する。

Imaging Edge Desktopの［Viewer］を起動し、撮影したデータの入っているファイルを開き❶、画面右上の［サムネイル表示］を選択する❷。

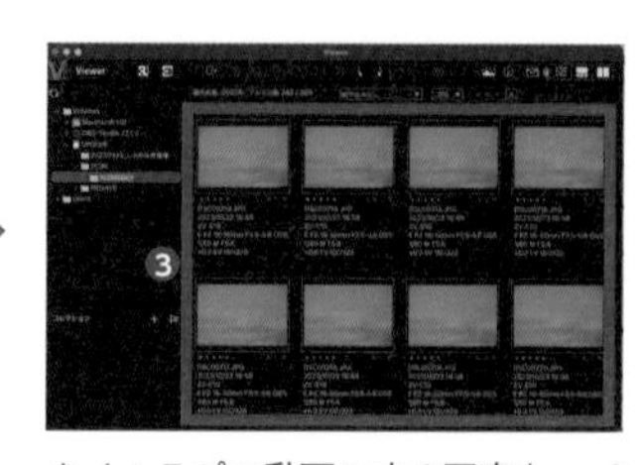

タイムラプス動画にする写真を、パソコンのshiftキーを押しながら複数選択する❸。動画にするためには15 枚以上選択する必要がある。

［ツール］から［タイムラプス動画の作成］を選択する❹。

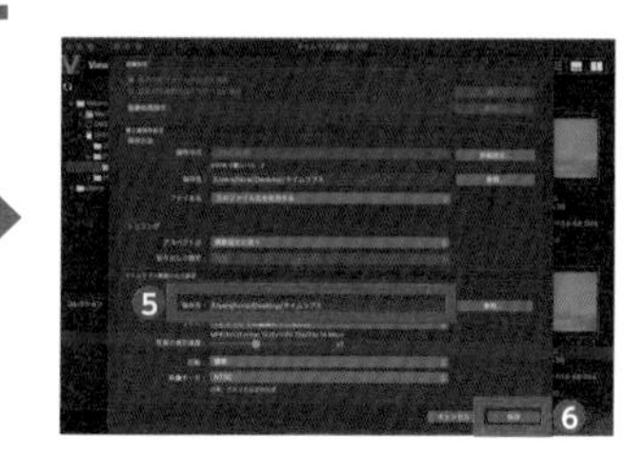

［タイムラプスの出力設定］で［保存先］❺を設定し、［保存］をクリックする❻。

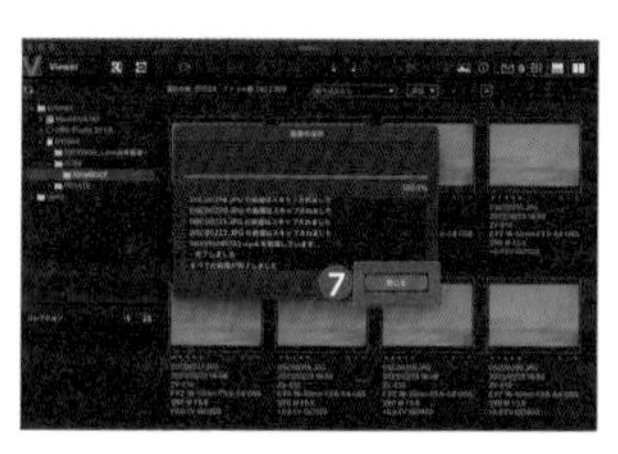

画像処理が終わり、［閉じる］❼をクリックすると、タイムラプス動画の作成を終了する。

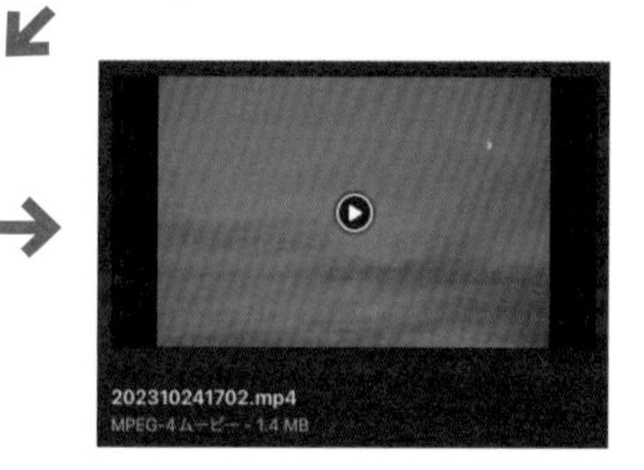

指定した保存先に動画が保存されているので、任意の動画プレーヤーなどで再生する。

まとめ

- インターバル撮影した静止画は、Imaging Edge Desktopを使用してタイムラプス動画にすることができる
- タイムラプス動画に使用する場合、静止画のファイル形式をJPEGに、縦横比を16：9に設定するとよい

Section 05

WEBカメラやライブ配信に使おう

Keyword WEBカメラ/ライブ配信

高画質な動画を撮影できるZV-E10は、WEBカメラやライブ配信で使用することもできる。最近ではリモート会議の需要も高まっており、パソコンのインカメラよりも高画質で映すことができるZV-E10を活用すると、表情などが伝わりやすくなる。また、手元などのアップを写す際は使用するカメラを選択するだけで切り換えることもできる。

1 ストリーミングとは

ストリーミングとは、インターネットを介した動画配信などに使用する配信方法の1つで、ZV-E10ではUSBケーブルだけでかんたんにWEBカメラや動画配信を利用することができる。配信する動画の撮影設定は、ストリーミングを実行する前の設定がそのまま反映されるので、ストリーミングを始める前にすませておくとよい。ただし、ストリーミングのデータ形式は決まっているので、解像度などは変更できない。

■ストリーミングのデータ形式

映像フォーマット	MJPEG
解像度	HD720 (1280×720)
フレームレート	30 fps
音声フォーマット	PCM、48 kHz、16 bit、2ch

2 給電方法を設定する

USBストリーミング中は、接続しているパソコンからカメラへ給電される。パソコンなどの電源をなるべく消費したくないときは、[USB給電] を [切] に設定する必要がある。

通常だとストリーミング中はパソコンから給電を行うので、カメラの充電を気にする必要がない。ただし、パソコンのバッテリーの消費が大きくなるのでコンセントにつないでおいた方がよい。

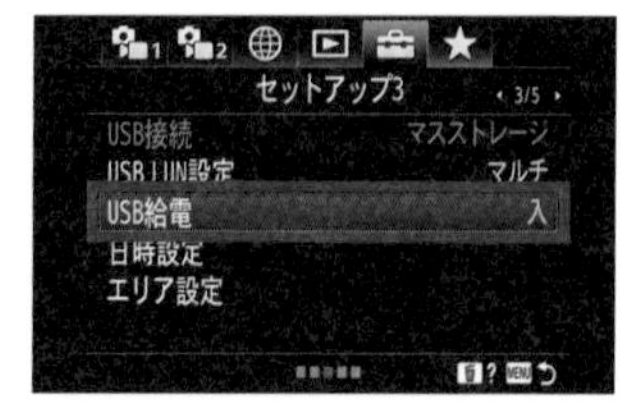

3の［USB給電］は［入］に設定しておく。［切］に設定すると、ストリーミング中にパソコンから給電されないため、バッテリー残量に注意する必要がある。

3 WEBカメラとして使う準備をする

リモート会議などでZV-E10をWEBカメラとして使う場合は、カメラとパソコン、カメラに付属しているUSBケーブルを用意する。なお、USBケーブルを接続した状態でカメラの電源を入れると［USBストリーミング］を実行できないので注意しよう。

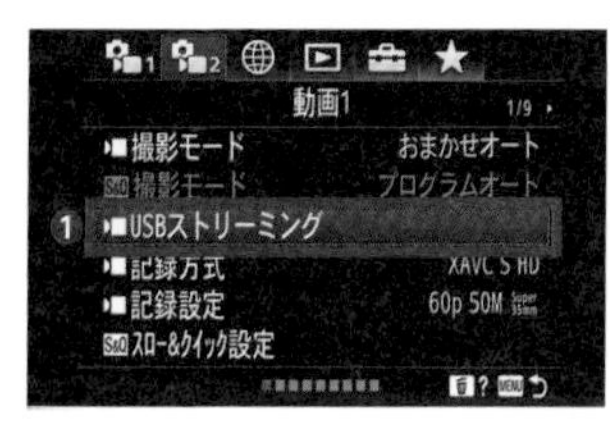

MENUボタンを押し、2 1の［USBストリーミング］を選択し❶、中央ボタンを押す。

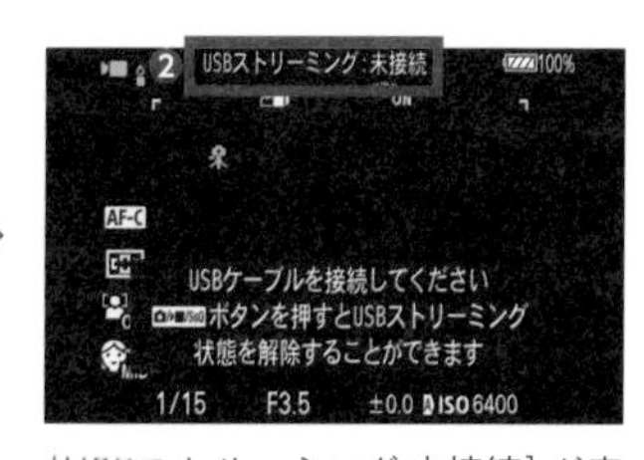

［USBストリーミング:未接続］が表示される❷。

カメラのUSB Type-C端子に付属のUSBケーブルを❸、ケーブルの反対側をパソコンに接続する❹。

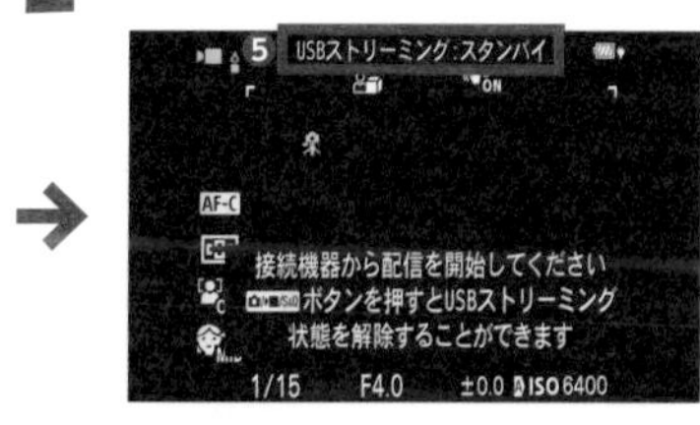

正しく接続されると、カメラの画面に［USBストリーミング:スタンバイ］が表示され❺、ストリーミングを開始できる。

4 カメラとマイクを接続する

使用する配信サービスやアプリなどにもよるが、カメラとパソコンを接続しても設定を変更しないとカメラからの映像がうまく映らなかったり、音声が聞こえなかったりすることがある。そのような場合は使用する配信サービスやアプリのカメラとマイクの設定を確認するとよい。ここでは、Zoomでの設定画面を例に紹介する。

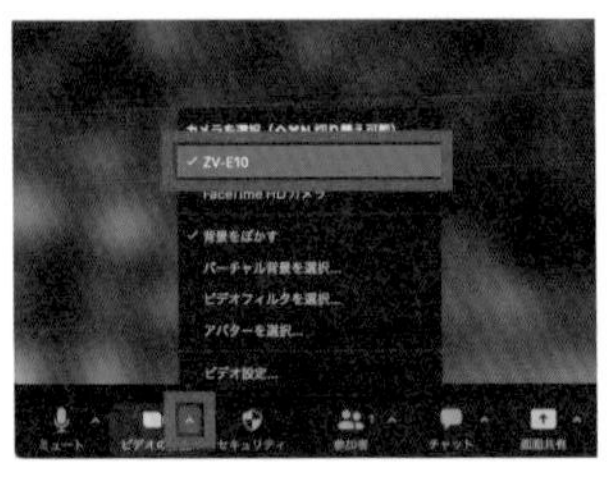

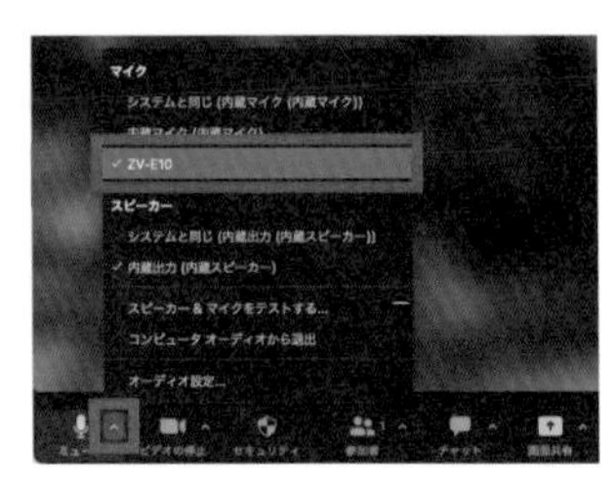

Zoomのクライアントアプリで、ビデオとマイクのアイコンの横にある をクリックし、ZV-E10を選択すると、カメラの映像と音声が配信される。

カメラを切り換えて使用する例

使用するカメラの設定でアングルをうまく使い分けることもできる。通常時はパソコンのインカメラで配信し、手元の小物などを見せたいときにカメラを切り換えれば、操作1つでアングルを切り換えられるので便利だ。

■外部マイクを使用する

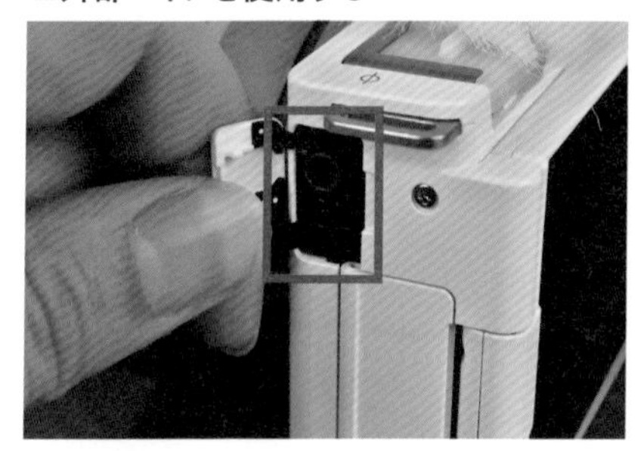

外部マイクを使用する場合は、パソコン側ではなく、カメラの🎤（マイク）端子に接続すると、音声と口の動きのずれを最小限に抑えることができる。

ONE POINT 録音性能が充実したZV-E10

ZV-E10は、高性能な内蔵ステレオマイクのほか、外部マイクを使用するときに必要なマイク端子や、ヘッドホン端子なども搭載されており、録音性能が充実している。またウインドノイズを大幅に低減してくれるウインドスクリーンが付属されているので、これを使えば風切り音などのノイズを低減させ、屋外での人物の声もはっきり録音できる。また[録音レベル]を使うと、音が大きすぎて音割れするのを防いだり、小さすぎる音を大きく録音することが可能だ。

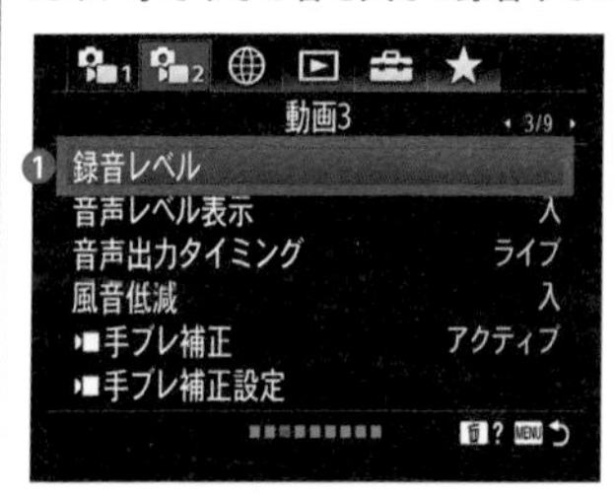

MENUボタンの2 3の[録音レベル]を選択し❶、中央ボタンを押す。

中央ボタンの▲/▼で音の大きさを調節する。右下にある[CH1] [CH2]のバーが0になると音割れがしているという目安にするとよい。

まとめ

- USBストリーミングでパソコンなどの外部機器と接続することができる
- USBストリーミングはデータ形式が固定される
- USBストリーミング中はパソコンから給電される

付録
1 おすすめのアクセサリー

ワイヤレスリモートコマンダー機能付
シューティンググリップ
GP-VPT2BT

グリップを持ったまま親指で静止画・動画の撮影などのカメラ操作ができるほか、アングル調整が自在なチルト機構、置いたまま撮影できる三脚機能など自由度の高い撮影が可能な三脚機能付シューティンググリップ。

・大きさ：
[グリップ状態] 約 幅49.5×高さ173.0×奥行42.0mm
[三脚状態] 約 幅146.5×高さ133.5×奥行163.0mm
・質量：ブラック 約215g、ホワイト 約186g
・希望小売価格14,000円(税込)

リモートコマンダー
RMT-P1BT

Bluetooth 対応のリモートコマンダー。太陽光下の撮影や障害物があっても、リモート操作が可能。

・大きさ：約 縦116.5×横33×厚さ15.1mm
・質量：約35g（電池含まず)
・希望小売価格8,000円(税込)

フラッシュ
HVL-F46RM

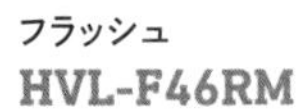

発光性能・堅牢性能が向上した大光量フラッシュ。電波式ワイヤレス通信対応。発光部を上150°、左右180°、下8°に回転できるので、さまざまな構図や撮影シーンに対応する。

・ガイドナンバー：46(照射角105mm、ISO100・m)
・大きさ：幅69.4×高さ114.7×1奥行き88.9mm
・質量：約308g（電池含まず)
・希望小売価格49,000円(税込)

バッテリー

NP-FW50

コンパクトサイズで，バッテリー残量を液晶モニターに1％刻みで表示する"インフォリチウム機能搭載。

・大きさ：約幅31.8×高さ18.5×奥行き45mm
・質量：約42g
・希望小売価格9,600円(税込)

バッテリーチャージャー

BC-TRW

コンパクトサイズで持ち運びに便利なWバッテリー用チャージャー。

・大きさ：約幅42×高さ35×奥行き79mm
・質量：約67g
・希望小売価格6,700円(税込)

モニター保護ガラスシート

PCK-LG1

液晶画面をキズや汚れから守る液晶保護ガラスシート。

・大きさ：約 縦52.1×横70.8×厚さ0.51mm
・質量：約3.6g
・希望小売価格3,500円(税込)

ストラップ

STP-WS2

手首にフィットできるストラップ。

・長さ：255mm
・質量：約8g
・希望小売価格2,100円(税込)

付録

2 メニュー画面一覧

1 撮影設定1

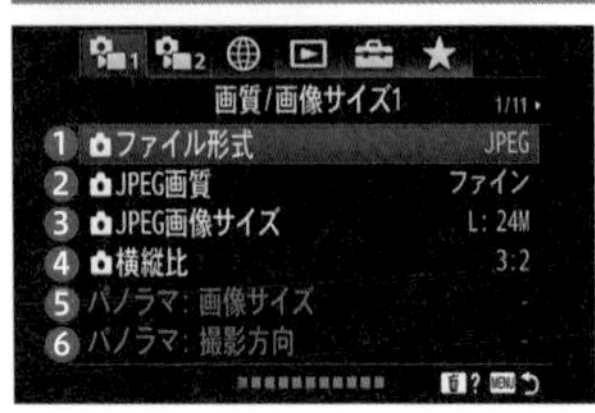

❶ ファイル形式	静止画を記録するときのファイル形式を選択する。
❷ JPEG画質	静止画撮影時のJPEG画像の画質を選択する。
❸ JPEG画像サイズ	静止画撮影時のJPEG画像のサイズを選択する。
❹ 横縦比	静止画の横縦比を変更する。
❺ パノラマ：画像サイズ	パノラマの画像サイズを選択する。
❻ パノラマ：撮影方向	パノラマの撮影方向を変更する。
❼ 長秒時NR	シャッタースピードを1秒以上にした撮影時のノイズを低減する。
❽ 高感度NR	高感度にした撮影時のノイズ低減する。
❾ 色空間	再現できる色の範囲を設定する。
❿ レンズ補正	レンズ補正の種類を選択する。

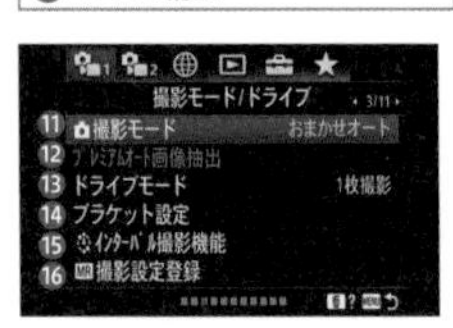

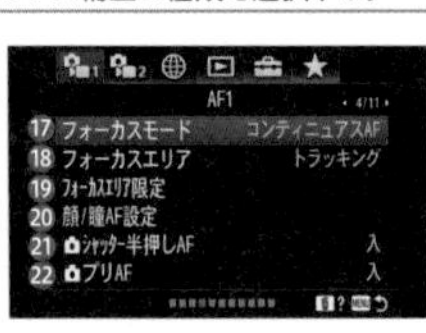

⓫ 撮影モード	静止画撮影時の撮影モードを設定する。
⓬ プレミアムオート画像抽出	[プレミアムおまかせオート]で複数枚撮影するシーンで、自動的に画像を1枚抽出して保存するか設定する。
⓭ ドライブモード	撮影方式を設定する。
⓮ ブラケット設定	ブラケット撮影時の撮影順序を設定する。
⓯ インターバル撮影機能	撮影間隔や撮影回数など、インターバル撮影に関して設定する。
⓰ 撮影設定登録	好みの撮影設定を組み合わせて登録する。
⓱ フォーカスモード	被写体の動きに応じてピント合わせの方法を選択する。
⓲ フォーカスエリア	ピント合わせの位置を選択する。
⓳ フォーカスエリア限定	使用するフォーカスエリアの種類を選択することができる。
⓴ 顔/瞳AF設定	顔や瞳を優先してピントを合わせるか設定する。
㉑ シャッター半押しAF	シャッター半押しした際、AFを有効にするか設定する。
㉒ プリAF	シャッター半押しする前に、AFを有効にするか設定する。
㉓ フォーカスエリア枠色	被写体によってフォーカスエリアの枠が見えにくいときに、フォーカスエリアの枠の色を変えることができる。
㉔ フォーカスエリア自動消灯	フォーカスエリアを常に表示するか、ピントが合った後の一定時間経過後に非表示するか設定する。
㉕ コンティニュアスAFエリア表示	コンティニュアスAF時にフォーカスエリアを表示するか設定する。
㉖ AF微調整	マウントアダプターを使用してAマウントレンズを装着時、レンズごとにピント合わせの位置を調節するか設定する。

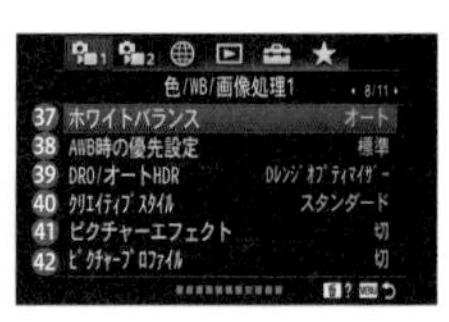

㉗ 露出補正	画像全体の明るさを調節する。
㉘ ISO感度	ISO感度を選択する。
㉙ 測光モード	明るさの測り方を選択する。
㉚ マルチ測光時の顔優先	測光モードが［マルチ］のとき、人の顔を優先して明るさを測定するか設定する。
㉛ 露出値ステップ幅	シャッタースピード、絞り、露出補正値の設定幅を設定する。
㉜ フラッシュモード	フラッシュの発光方式を選択する。
㉝ 調光補正	フラッシュの発光量を調節する。
㉞ 露出補正の影響	露出補正値をフラッシュの調光に反映するか設定する。
㉟ ワイヤレスフラッシュ	カメラから離れた外部フラッシュを発光させるか設定する。
㊱ 外部フラッシュ設定	カメラに取り付けた外部フラッシュの設定をする。
㊲ ホワイトバランス	画像の色合いを撮影場所の光の状況に合わせて調節する。
㊳ AWB時の優先設定	ホワイトバランスが［AWB］のときに優先する色味を選択する。
㊴ DRO/オートHDR	明るさやコントラストを自動補正するDROやHDRの補正レベルを選択する。
㊵ クリエイティブスタイル	画像の仕上がり具合を選択する。コントラスト・彩度・シャープネスの調整もできる。
㊶ ピクチャーエフェクト	エフェクト効果を選択し、画像に効果を加えて撮影する。
㊷ ピクチャープロファイル	撮影する画像の発色や階調などの設定を変更する。

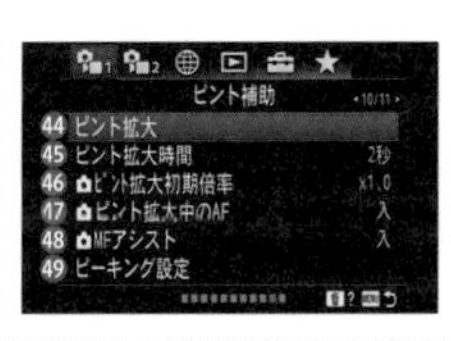

㊸ 美肌効果	顔検出時に被写体の美肌効果を設定する。
㊹ ピント拡大	フォーカスモード［MF］時に、撮影前に画像を拡大してピント位置の確認ができる。
㊺ ピント拡大時間	ピント位置の拡大表示する時間を選択する。
㊻ ピント拡大初期倍率	ピント拡大やMFアシスト時の初期倍率を設定する。
㊼ ピント拡大中のAF	拡大表示中にAFするか設定する。
㊽ MFアシスト	［MF］のピントを合わせるとき、画像を拡大表示するか設定する。
㊾ ピーキング設定	［MF］のピントを合わせるとき、ピントが合った部分の輪郭を、指定された色で強調表示するか設定する。
㊿ 商品レビュー用設定	商品レビュー撮影に合わせて、画面手前の商品にピントが合いやすくする。
(51) 個人顔登録	顔情報を登録しておくと、登録された顔を優先してピント合わせをする。顔の新規登録、優先順序設定、登録の削除ができる。
(52) 登録顔優先	(51)で登録した顔を優先してピントを合わせるか設定する。
(53) 自分撮りセルフタイマー	自分撮りする際、3秒セルフタイマーにするか設定する。

2 撮影設定2

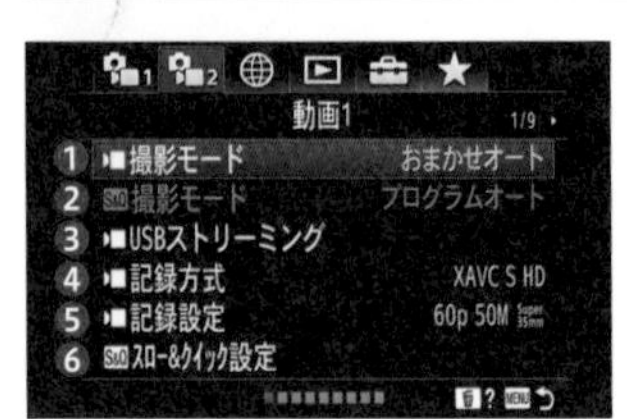

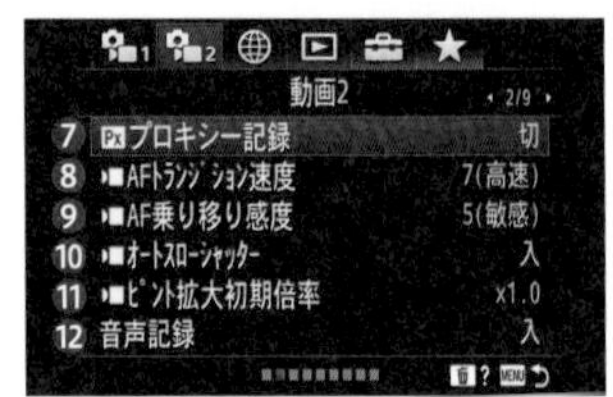

❶ 撮影モード	動画撮影時の撮影モードを設定する。
❷ S&Q 撮影モード	スロー＆クイックモーション撮影時の撮影モードを設定する。
❸ USBストリーミング	パソコンなどを接続し、ライブ配信やWeb会議サービスに利用する際の設定をする。
❹ 記録方式	動画を記録するときの記録方式を設定する。
❺ 記録設定	動画撮影時のフレームレートとビットレートを設定する。
❻ S&Q スロー＆クイック設定	スローモーション撮影やクイックモーション撮影をするときに設定する。
❼ Px プロキシー記録	オリジナル動画を記録しながら、低ビットレートで記録するか設定する。
❽ AFトランジション速度	AFの対象が切り換わった際に、フォーカス位置を移動させる速さを設定する。
❾ AF乗り移り感度	被写体がフォーカスエリアからはずれた際に、別の被写体にAFが乗り移る感度を設定する。
❿ オートスローシャッター	動画撮影時で被写体が暗いとき、自動でシャッタースピードを遅くするか設定する。
⓫ ピント拡大初期倍率	動画撮影時のピント拡大における初期倍率を設定する。
⓬ 音声記録	動画撮影時に音声記録をするか設定する。

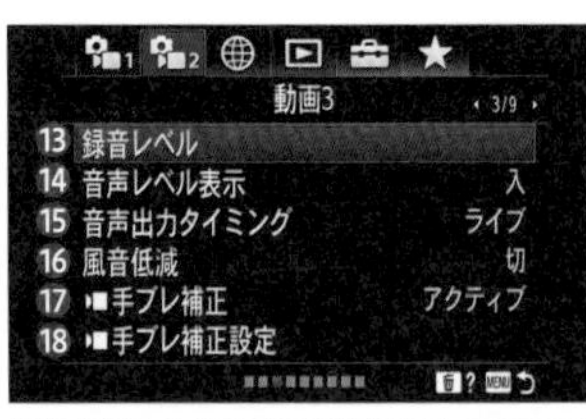

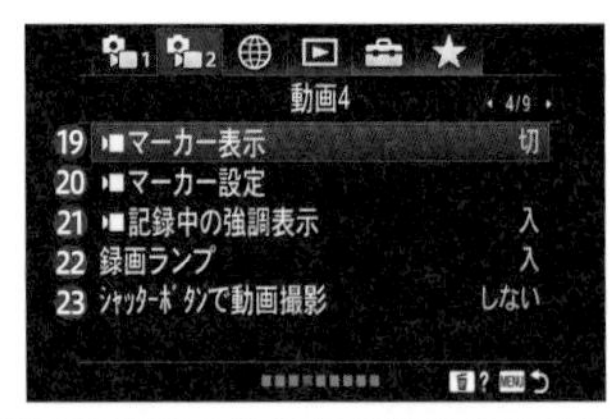

⓭ 録音レベル	録音レベルを調節する。
⓮ 音声レベル表示	音声レベルを画面に表示するか設定する。
⓯ 音声出力タイミング	音声モニタリング時のエコー対策や、HDMI出力時の音声のずれ対策の設定をする。
⓰ 風音低減	動画撮影時の風音を低減するか設定する。
⓱ 手ブレ補正	手ブレ補正を設定する。[アクティブ][スタンダード][切]を設定できる。
⓲ 手ブレ補正設定	装着しているレンズから取得した情報をもとに手ブレ補正する。⓱の手ブレ補正が［アクティブ］のときのみ有効。
⓳ マーカー表示	動画撮影時にモニターにマーカーを表示するか設定する。
⓴ マーカー設定	⓯で表示されるマーカーを設定する。
㉑ 記録中の強調表示	動画を記録中だとわかりやすくするために、モニター全体に赤い枠を表示する。
㉒ 録画ランプ	録画中に録画ランプを点灯させるかどうかを設定する。
㉓ シャッターボタンで動画撮影	MOVIE（動画）ボタンのかわりに、シャッターボタンで動画撮影するか設定できる。

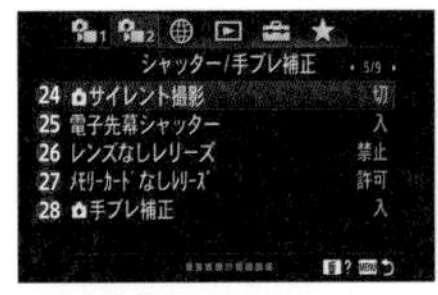

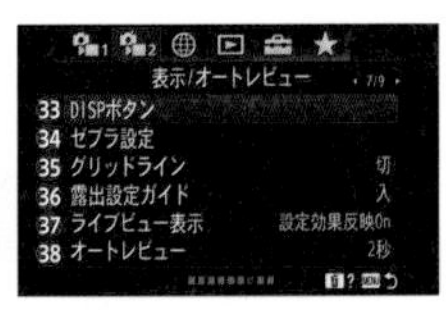

㉔ サイレント撮影	シャッター音を消すか設定する。
㉕ 電子先幕シャッター	電子先幕シャッターを使用するか設定する。
㉖ レンズなしレリーズ	レンズ未装着でもシャッターが切れるか設定する。
㉗ メモリーカードなしレリーズ	メモリーカード未挿入でもシャッターが切れるか設定する。
㉘ 手ブレ補正	静止画撮影時の手ブレ補正を設定する。
㉙ ズーム範囲	ズームの範囲を［光学ズームのみ］［全画素超解像ズーム］［デジタルズーム］から選択する。
㉚ ズームレバースピード	ズームレバーを使用したズームスピードを設定する。
㉛ カスタムキーズームスピード	メニューのズームやカスタムキーに割り当てられたズームスピードの設定をする。
㉜ リモートズームスピード	リモコンのズーム操作時について設定する。
㉝ DISPボタン	DISPボタンを押してモニターやファインダーに表示する情報を選択する。
㉞ ゼブラ設定	明るさ調整の目安になる、しま表示を設定する。
㉟ グリッドライン	構図の参考になる線を選択する。
㊱ 露出設定ガイド	撮影画面で露出設定の変更時に表示するガイドを設定する。
㊲ ライブビュー表示	モニターに露出補正などの設定を反映するか設定する。
㊳ オートレビュー	撮影後に撮った画像を表示する時間を設定する。

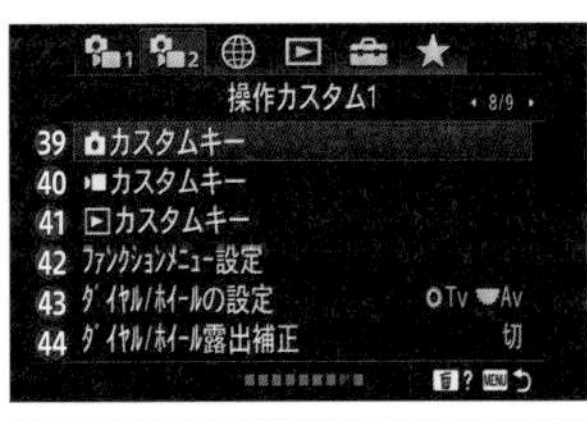

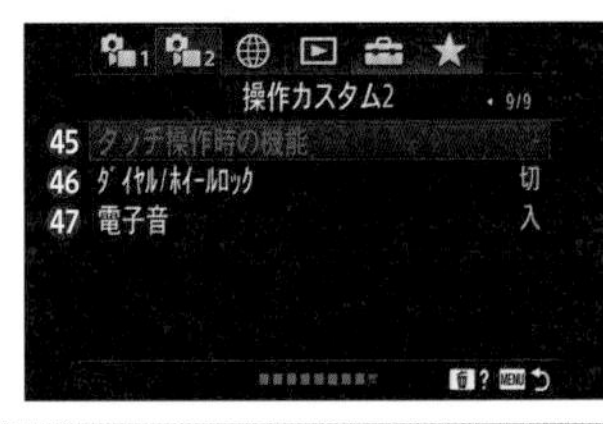

㊴ カスタムキー	静止画撮影時のカスタムキーに割り当てられた機能を変更する。
㊵ カスタムキー	動画撮影時のカスタムキーに割り当てられた機能を変更する。
㊶ カスタムキー	再生時のカスタムキーに割り当てられた機能を変更する。
㊷ ファンクションメニュー設定	ファンクションメニューで選択できる機能を変更する。
㊸ ダイヤル/ホイールの設定	Mモードでの撮影時、コントロールダイヤルとコントローラーホイールにシャッタースピードと絞りをどちらに割り当てるか設定する。
㊹ ダイヤル/ホイール露出補正	コントロールダイヤルまたはコントロールホイールで露出補正をするか設定する。
㊺ タッチ操作時の機能	撮影時に画面をタッチしたときの動作を選択する。
㊻ ダイヤル/ホイールロック	Fnボタン長押しで、撮影時にコントロールダイヤル／コントロールホイールを一時的に無効にするか設定する。
㊼ 電子音	操作時の電子音の有無を設定する。

3 ネットワーク

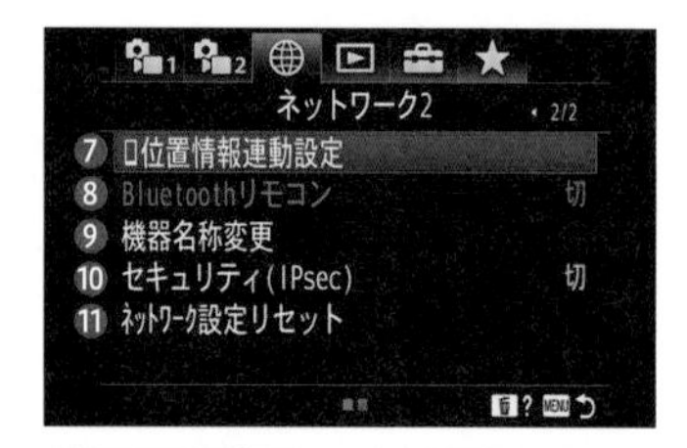

❶ スマートフォン接続機能	スマートフォンの接続の設定や実行をする。
❷ スマートフォン転送機能	スマートフォンに画像を表示・転送する。
❸ PCリモート機能	PCを操作して撮影したり、撮影した静止画を保存したりする。
❹ 飛行機モード	Wi-Fi、NFC、Bluetooth機能を使用する設定を一時的にすべて無効にする。
❺ Wi-Fi設定	Wi-Fiアクセスポイントの登録や接続情報の確認／変更を行う。
❻ Bluetooth設定	カメラとスマートフォンをBluetooth接続するための設定をする。
❼ 位置情報連動設定	ペアリングしたスマートフォンの位置情報を取得し、画像に位置情報を記録する。
❽ Bluetoothリモコン	カメラとBluetoothリモコンを接続するための設定をする。
❾ 機器名称変更	Wi-Fi Directなど、機器の名称を変更できる。
❿ セキュリティ（IPsec）	Wi-Fi接続時に、カメラとパソコン間の通信を暗号する。
⓫ ネットワーク設定リセット	すべてのネットワーク設定をリセットできる。

4 再生

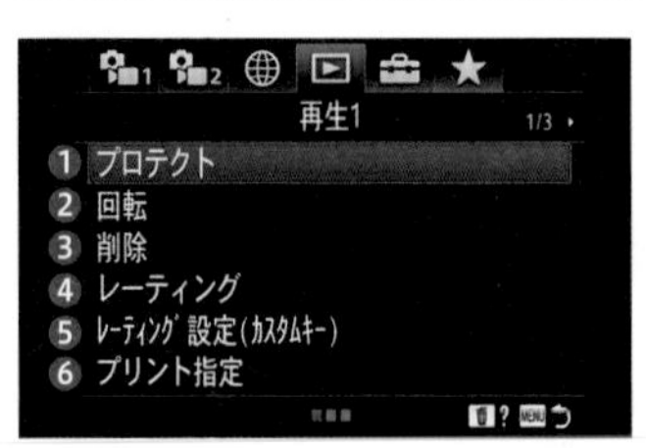

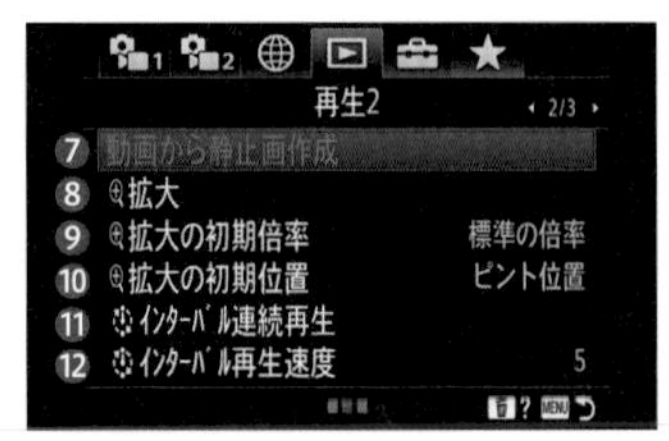

❶ プロテクト	誤って画像を消さないように保護できる。
❷ 回転	画像の表示を回転できる。
❸ 削除	不要な画像を1つずつ／まとめて削除する。
❹ レーティング	撮影した画像に５種類のレーティングを設定する。
❺ レーティング設定(カスタムキー)	カスタムキーに割り当てた際のレーティングの星の数を変更する。
❻ プリント指定	撮影した画像にプリント予約マークを付ける。
❼ 動画から静止画作成	動画から希望のシーンを切り出して静止画として保存する。
❽ 拡大	再生画像を拡大して表示する。
❾ 拡大の初期倍率	再生画像を拡大表示するときの初期倍率を設定する。
❿ 拡大の初期位置	再生画像を拡大表示するときの初期位置を設定する。
⓫ インターバル連続再生	連続撮影やインターバル撮影などで撮影した画像を連続再生できる。
⓬ インターバル再生速度	インターバル撮影再生時の再生速度を設定する。

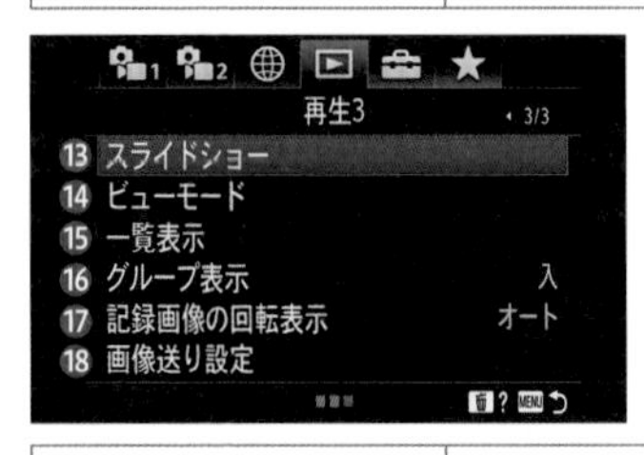

⓭ スライドショー	撮影した画像を連続再生する。
⓮ ビューモード	画像を日付や動画フォルダーごとに再生する。
⓯ 一覧表示	一覧表示する数を、12または30から設定する。
⓰ グループ表示	連続撮影またはインターバル撮影で撮影した画像をグループ化するか設定する。
⓱ 記録画像の回転表示	画像を再生するときの向きを設定する。
⓲ 画像送り設定	画像再生中の画像の送り方を設定する。

5 セットアップ

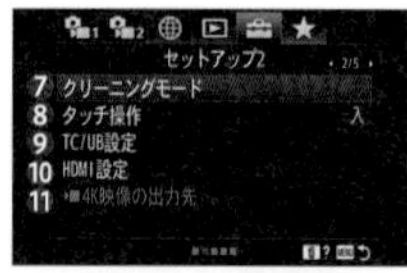

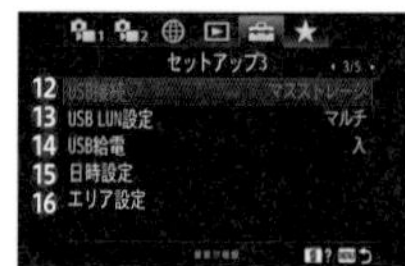

❶ モニター明るさ	モニターの明るさを調節する。
❷ ガンマ表示アシスト	S-Log2 ／ 3やHLGが反映された画面を、撮影しやすいように変換して表示するか設定する。
❸ 音量設定	動画再生時の音量を設定する。
❹ 削除確認画面	削除の確認画面で、[削除] と [キャンセル] のどちらを先に表示するか設定する。
❺ 表示画質	モニターの表示画質を設定する。
❻ 電源オプション	パワーセーブなどカメラの電源に関する設定をする。
❼ クリーニングモード	イメージセンサーをクリーニングする。
❽ タッチ操作	モニターのタッチ操作を有効にするか設定する。
❾ TC/UB設定	映像にデータとしてタイムコード (TC) とユーザービット (UB) を記録する。
❿ HDMI設定	HDMIに関する設定を行う。
⓫ 4K映像の出力先	4K対応の外部機器と接続する際、記録や出力に関する設定を行う。
⓬ USB接続	マイクロUSBケーブルを使って外部機器に接続する際の動作方法を設定する。
⓭ USB LUN設定	USB接続する機能を制限して互換性を高める。
⓮ USB給電	パソコンやUSB機器に接続時、USB給電するか設定する。
⓯ 日時設定	日付や時計の設定をする。
⓰ エリア設定	カメラを使用する地域を設定する。

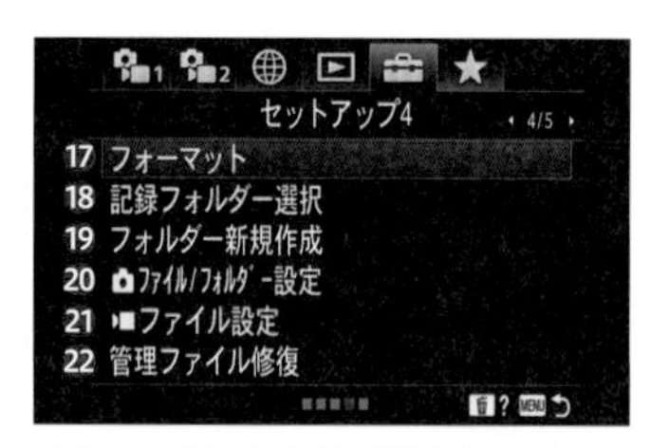

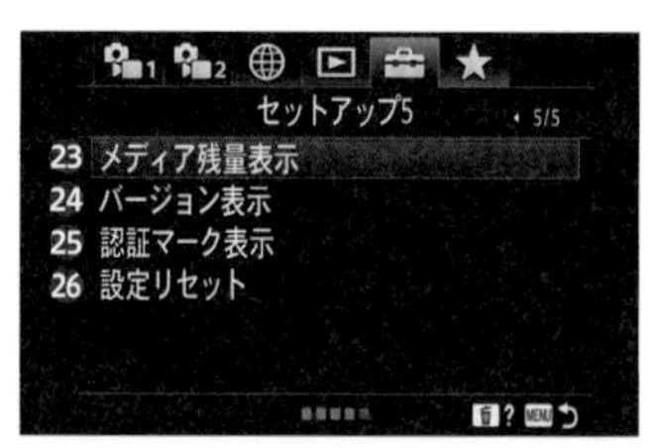

⓱ フォーマット	メモリーカードを初期化する。
⓲ 記録フォルダー選択	静止画と動画 (MP4) を記録するフォルダーを設定する。
⓳ フォルダー新規作成	静止画と動画 (MP4) を記録する新しいフォルダーを作成する。
⓴ ファイル/フォルダー設定	静止画を記録するフォルダーの形式を設定する。
㉑ ファイル設定	動画のファイル番号やファイル名について設定する。
㉒ 管理ファイル修復	画像の管理ファイルの修復を行う。
㉓ メディア残量表示	撮影可能な静止画の枚数と動画の時間を表示する。
㉔ バージョン表示	ZV-E10のソフトウェアのバージョンを表示する。
㉕ 認証マーク表示	ZV-E10が対応している認証情報を表示する。
㉖ 設定リセット	設定を購入時の設定に戻す。

6 マイメニュー

マイメニュー登録では、頻繁に使うメニュー項目を最大30個まで登録できる（マイメニュー1〜5）。使用頻度の高い項目を上に入れ替えたり、使用しなくなった項目を削除できたりと、好みや用途に合わせて自分の使いやすいメニューをつくることができる。ただし、再生に関するメニューは登録することができない。

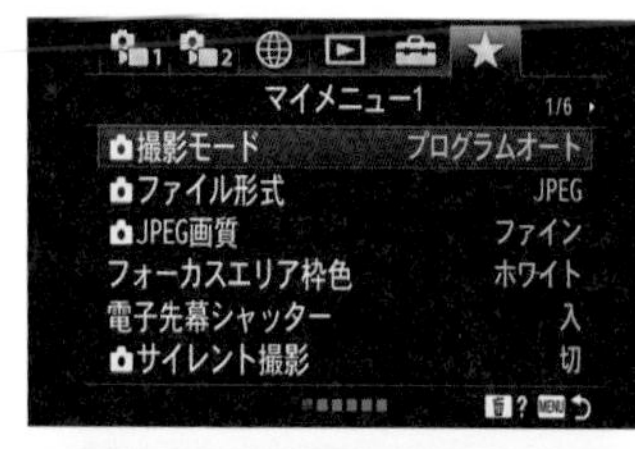

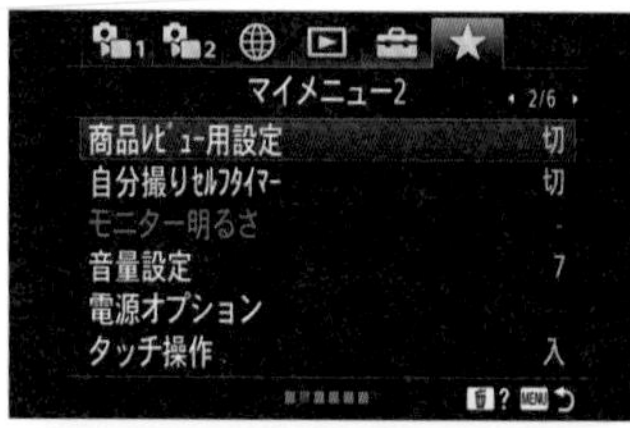

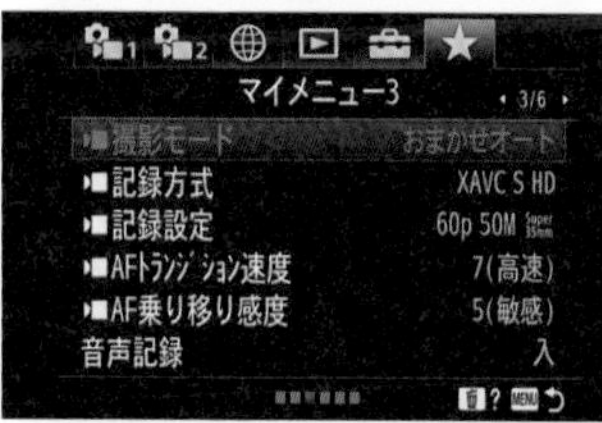

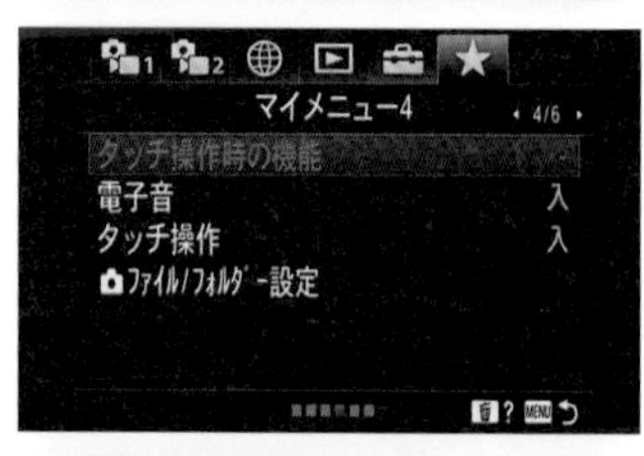

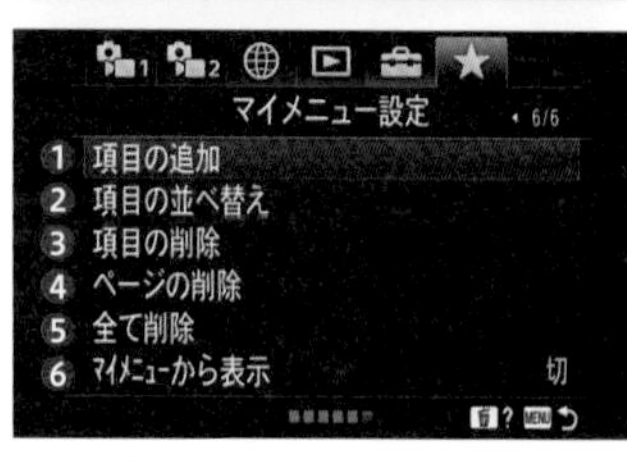

❶ 項目の追加	マイメニューで選択できる項目を追加する。
❷ 項目の並べ替え	マイメニューに追加した項目を並べ替えることができる。
❸ 項目の削除	マイメニューに追加した項目を1つずつ削除できる。
❹ ページの削除	マイメニューに追加した項目をページごと削除できる。
❺ 全て削除	マイメニューに追加した項目をすべて削除できる。
❻ マイメニューから表示	MENUボタンを押した際に、マイメニューから表示するように設定する。

INDEX

■ お問い合わせの例

FAX

1 お名前
技評　太郎
2 返信先の住所または FAX 番号
03-××××-××××
3 書名
今すぐ使えるかんたん mini
SONY VLOGCAM ZV-E10
基本＆応用 撮影ガイド
4 本書の該当ページ
30 ページ
5 ご質問内容
モニターの明るさが変更できない

今すぐ使えるかんたん mini SONY VLOGCAM ZV-E10 基本＆応用 撮影ガイド

2024 年 2月2日　初版　第 1 刷発行

著者●清水 徹 ＋ナイスク
発行者●片岡 巌
発行所●株式会社　技術評論社
東京都新宿区市谷左内町 21-13
電話　03-3513-6150　販売促進部
03-3513-6160　書籍編集部
編集・制作●ナイスク　https://naisg.com
松尾里央／高作真紀／
鈴木英里子／西口岳宏
担当●青木宏治（技術評論社）
協力●ソニーマーケティング株式会社
モデル●長崎百華（オスカープロモーション）
ペットモデル●めりてかちゃんねる／めり、てかる
装丁●田邉恵里香
カバー撮影●和田高広
本文デザイン・DTP ●小林沙織
製本・印刷●図書印刷株式会社

定価はカバーに表示してあります。

ISBN 978-4-297-13955-1 C3055
Printed in Japan

お問い合わせについて

本書に関するご質問については、本書に記載されている内容に関するもののみとさせていただきます。本書の内容と関係のないご質問につきましては、一切お答えできませんので、あらかじめご了承ください。また、電話でのご質問は受け付けておりませんので、必ず FAX か書面にて下記までお送りください。
なお、ご質問の際には、必ず以下の項目を明記していただきますようお願いいたします。

1 お名前
2 返信先の住所または FAX 番号
3 書名
（今すぐ使えるかんたん mini
SONY VLOGCAM ZV-E10
基本＆応用 撮影ガイド）
4 本書の該当ページ
5 ご質問内容

なお、お送りいただいたご質問には、できる限り迅速にお答えできるよう努力いたしておりますが、場合によってはお答えするまでに時間がかかることがあります。また、回答の期日をご指定なさっても、ご希望にお応えできるとは限りません。あらかじめご了承くださいますよう、お願いいたします。
ご質問の際に記載いただいた個人情報は、ご質問の返答以外の目的には使用いたしません。また、返答後はすみやかに破棄させていただきます。

問い合わせ先

〒 162-0846
東京都新宿区市谷左内町 21-13
株式会社技術評論社　書籍編集部
「今すぐ使えるかんたん mini
SONY VLOGCAM ZV-E10
基本＆応用 撮影ガイド」
質問係
FAX 番号：03-3513-6167
URL：https://book.gihyo.jp/116/